"十四五"时期国家重点出版物出版专项规划项目

存量时代·城市更新丛书

庄惟敏　唐　燕｜丛书主编

U0184423

存量更新与乡土传承

郭海鞍｜著

中国城市出版社

图书在版编目（CIP）数据

存量更新与乡土传承 / 郭海鞍著. —北京：中国
城市出版社，2022.9
（存量时代·城市更新丛书 / 庄惟敏，唐燕主编）
ISBN 978-7-5074-3493-4

Ⅰ.①存…　Ⅱ.①郭…　Ⅲ.①农村住宅—建筑设计—
研究—中国 Ⅳ.①TU241.4

中国版本图书馆CIP数据核字（2022）第133016号

责任编辑：黄　翊　徐　冉
书籍设计：锋尚设计
责任校对：姜小莲

存量时代·城市更新丛书
庄惟敏　唐　燕　丛书主编

存量更新与乡土传承
郭海鞍　著

＊

中国城市出版社出版、发行（北京海淀三里河路9号）
各地新华书店、建筑书店经销
北京锋尚制版有限公司制版
北京中科印刷有限公司印刷

＊

开本：787毫米×1092毫米　1/16　印张：10½　字数：219千字
2022年10月第一版　　2022年10月第一次印刷
定价：**75.00**元
ISBN 978-7-5074-3493-4
（904506）

丛书前言

　　城市自诞生之日起，更新改造便伴随其发展的全过程。城市更新的内涵在不同时期侧重不同，并随着社会经济的进步而不断丰富，涉及文化传承、经济振兴、社会融合等不同目标，也涵盖保护修缮、局部改建、拆除重建等不同手段。当前，随着我国城镇化进程迈入后半程，经济社会发展和城乡空间建设面临日益复杂的挑战：全球气候变暖带来资源与环境保护的新要求、科技变革带来生产生活方式的信息化转变、人口结构调整带来社会需求的不断多元……这无疑对城乡发展方式转型和治理变革提出了新诉求。

　　因此，在新的存量规划时代，城市更新作为一种综合性的城乡治理手段，其以物质空间的保护和再利用等为基础，逐步担负起了优化资源配置、解决城乡问题、推进功能迭代、提升空间品质等诸多责任。2020年，国家面向"十四五"时期提出"实施城市更新行动"的全面战略部署，使得城市更新在城乡建设和城乡治理中的地位更为突显，成为助推国家与地方高质量发展的关键领域。

　　然而城市更新不同于新建项目，更新实践需要处理和应对更为复杂的现状制约、更加综合的改造诉求、更趋多元的利益关系等，因此在我国空间规划体系改革和经济社会转型的特殊时期，探索适应现阶段实际需求的城市更新理论、政策和实践路径势在必行。总体来看，尽管我国城市更新的实践开展日趋广泛，但依然存在系统性不足、症结问题多等困境亟待破解，对城市更新制度设计、体制机制保障、分级分类施策、精细化规划设计等的深入探究及经验总结供不应求。

　　首先，由于自然地理条件、经济发展水平、规划治理方式等差异，我国不同城市的更新发展阶段、制度演进与运作方式等呈现出不同特征，如深圳城市更新强调市场参与动力的激发，上海城市更新突出城市空间的综合治理，北京城市更新重在服务首都职能等。研究不同城市的更新历程与实操经验，明确不同发展阶段城市更新面临的差异化挑战，对于不同城市的更新活动推动具有实践指引意义。其次，工业用地、老旧小区、老旧商办等空间历来是城市更新的重要关注对象，随着乡村振兴战略的深入开展，村镇地区的更新改造也成为助力城乡融合和存量盘活的重要手段，因此根据这些具体更新对象探寻"针对性"的改造策略和盘活出路是城市更新战略的重中之重。不同空间对象由于功能类型、产权关系、建设特点的差异，在更新中需要处理迥异的利益博弈关系、产权转移方式、功能升级方向和空间改造需求等，导致分级、分类的更新手段和工作模式提供变得尤为重要。再者，随着广州、深圳、上海、成都等各地城市更新条例或者管理办法的相继出台，我国的城市更新进一步迈入制度化和规范化的新阶段。同时在城市更新乃至社会发展的整体过程中，正规化的制度引领和非正规化的包容性行动历来相辅相成，两股力量共同推动城市更新实践和社会治理手段的螺旋进步。

综合上述思考，立足中国实践，紧扣时代脉搏，我们组织策划了本套城市更新丛书，期望能够在梳理我国城市更新理论与实践发展状况的基础上，针对我国城市更新工作存在的"关键痛点"和"重要议题"展开讨论并提出策略建议，为推动我国存量空间的提质增效、城市更新的政策制定、国家行动的部署落地等给出相应思考。丛书从"城市治理、制度统筹、历史保护、住区更新、非正规行动、存量建筑再利用"等维度进行基于实证基础的科学探讨，主要包括《城市更新的治理创新》《城市更新制度与北京探索：主体—资金—空间—运维》《城镇老旧小区改造实践与创新》《包容性城市更新：非正规居住空间治理》《存量更新与乡土传承》等卷册，特色不一。

丛书已经成稿的各卷，选题聚焦当前我国城市更新领域的重点任务和关键问题，对促进我国城市更新行动开展具有参考意义。分卷《城市更新的治理创新》在推进国家治理能力和治理体系现代化的背景下，从城市治理角度综合研究城市更新的行动实施和路径落地；分卷《城市更新制度与北京探索：主体—资金—空间—运维》侧重"主体—资金—空间—运维"导向下的城市更新制度建设框架结构，剖析北京城市更新从制度建设到实践运作的多方面进展；分卷《城镇老旧小区改造实践与创新》针对国内老旧小区改造实践开展系统化分析，揭示问题、探寻理论与技术支撑、总结经验并提出做法建议；分卷《包容性城市更新：非正规居住空间治理》阐述了非正规城市治理理论，采用"准入—使用—运行"分析框架，对国内外多个大城市非正规居住空间治理实践案例进行剖析，提出面向包容性城市更新的对策建议；分卷《存量更新与乡土传承》分析研判了城乡更新中存量建筑再利用的可行性、必要性，以及其中蕴含的文化价值，从设计学维度阐述了传承乡愁与乡土文化的更新改造策略。

整套丛书由清华大学、中国城市规划设计研究院、中国建筑设计研究院、深圳市城市规划设计研究院等一线科研、实践机构共同撰写，注重实证，视野开阔。各卷著作基于统筹、治理、保护、利用等思考，系统化地探讨了当下社会最为关注的北京、上海、深圳等前沿城市，以及老旧街区、老旧工业区、老旧小区、老旧村镇等多类型城乡空间的综合更新与治理问题。著作扎根实践又深入理论，融合了城乡规划、社会学、管理学、经济学、建筑学等不同学科知识，围绕存量盘活与提质增效、空间规划改革、乡村振兴等重点方向开展探讨，展现了国内外城市更新的新近成果及其经验，并剖析了我国城市更新的发展趋势及关键议题。

衷心感谢为丛书出版给予不断支持和帮助的撰写单位、行业专家及出版编辑们。丛书是响应国家号召和服务社会所需而进行的探索思考，望其出版可对我国城市更新的实践发展和学科进步作出应有的绵薄贡献，同时囿于时间、精力和视野所限，本书存在的不足之处也有待各位同行批评指正。

丛书编者于清华园

2022年6月

本书序

大意义的小事情

前几天，海鞍拿着一本样书请我作序，我说不是上次写过了么？（编者按：2020年，崔愷院士曾经为《文化与乡村营建》一书作序。）他连忙偷着乐说："这是另外一本，而且马上要出版了，还拜托您抓紧……"

唉，我的这个学生……一贯风风火火，但这股做事快、热情高、不怕难的劲儿我还是得保护的，所以也就不和他计较了。

随手翻看这本书的打印稿，我又惊了一下，不仅选题很大，连里面目录中的每个小标题也都很大，每个标题都可以包括很多的内容，也都可以做一篇独立的大文章了。但细看下去，文中大多是三言两语简单总结一下，点个题目，便开始介绍更新的设计策略了。

这些案例大多我是知道的，有些还是我一路陪伴、指导、出过点子、定过调子的项目，一般规模都不大，多是城镇和乡村里的旧建筑改造，投资不多，技术难度不算很大，但是干的时间也都不短，从上手调研到策划设计，直到施工运营，短则两三年，长则五六年，都需要陪伴到底！所以，设计费往往也是跟着赔到底，几乎赚不到钱，还把郭儿和他的小团队累得团团转……所以当看到加在这些小事情上的大标题时，我多少有点儿担忧，可千万别把小事情也搞成自吹自擂、心浮气躁的那一套了！

不过，静下心来转念一想，这些小事情冠以大标题也有其道理，比如存量更新往往是从小微更新开始的，但确实有普遍推广的意义；比如乡土传承往往落在一些破旧的乡村小建筑的保护利用上，但对保护乡村风貌和百姓心中的乡愁就是具有普适性的大事情、大题目；再比如在项目中少砍一棵树，少填一个塘，对工程来说可能是个小事情，但对生态环境保护来说这就是个大事情。凡此种种，书中列举的许多小事情、小设计背后都有大理念、大道理可讲！

郭儿这几年来就是在这些大理念的支撑下去忙这些不太赚钱的小事情，并乐此不疲，还真是得到了各地政府和很多业主的认可和支持。他们的工作和角色不就是在用小事情来诠释大道理吗？

如此想来，这本匆匆而就的作品的出版还是很有意义的！尤其是存量发展时代刚刚到来，许多人为小而愁，为小而失去信心，为小而怀疑行业的前途，其实在我看来大可不必。从小做起，从细做起，才是提升城乡建设品质的正道。如果更多的年轻设计师能像郭海鞍一样，用脚踏实地的态度在存量更新中勇于去做那些有大意义的小事情，必将大有作为！

中国建筑设计研究院有限公司名誉院长、总建筑师
中国工程院院士

本书前言

在过去漫长岁月里，中国从乡土社会逐步走向现代社会，无论是城市还是乡村，世世代代的工匠以当时最成熟的技艺建造了传承至今的、承载中国乡土文化的建筑，比如老北京的四合院、大上海的弄堂；还有不同历史时期留下的仓库、厂房、卫生院、学校等。这些房子谈不上是历史建筑，也算不上文保单位，却承载了国家的历史和几代人的乡愁记忆……善待这些建筑并进行行之有效的策划与维护更新，使其带着历史信息融入我们的现代生活，是一件继往开来、无愧于历史与未来的工作。

新中国成立到改革开放期间，从20世纪50年代量大面广地快速解决人居和生产需要，到20世纪90年代跨越式发展地走向现代化，中国过去的几十年是增量的时代，甚至可以说是激增的时代。如今，经历了七十余年的建设，城市中心开始变旧，住区开始变老，很多建筑达到或接近了设计使用年限……同时，以往的城乡规划、建筑设计在日新月异的科技变化面前，开始变得力不从心。我们的城市、乡村、社区、办公生产场所逐步进入了建筑物的存量时代。

在我们不得不面对的存量时代，大量的既有建筑和街区面临着存与废的现实问题。很多传统建筑、现存建筑已不能满足现代生活与发展的需要，有的甚至已经是危房。由于当年很多建筑的建设质量不高，设计实施保障体系不完善，使这些房屋的加固、修缮往往比新建难度更大、成本更高，这便导致在快速的城乡建设当中，多数的投资者宁愿将其拆毁，然后重新建设。这样做的后果是有地方特色的、有时代特征的、有乡土记忆的建筑大量地凋敝甚至消失……大多数人或许并不在意这样的结果，又或许觉得拆除破旧的老房子是一件好事，但是当很多年以后，我们重拾过去时，却发现什么都没有留下，没有人能找得到自己童年的家，没有人能找得到自己成长的地方，除了新建的高楼大厦和崭新的马路，我们什么也没留下！我们无法告诉我们的孩子过去的日子是怎样的，我们讲述的家国历史都是没有见证的，我们所失去的并非仅仅是过去的建筑，更是我们的历史和文脉。

在过去的几十年，一个红圈里写一个"拆"字是城乡建设中随处可见的情景，通过拆迁、提高容积率、增值土地来驱动城乡建设发展。随着建成区的不断扩大，拆迁成本越来越高，社会矛盾不断集聚，我们也急需从快速粗放的建设模式转向稳健的高质量发展模式。减少大拆大建、加强精细化设计和改造存量建筑、提升人居环境品质，成为下一阶段城乡更新发展的主旋律。

那么，我国大量的存量建筑是什么样的，需要怎样的改造，如何更新？特别是那些有历史价值的、极具乡土特征的、具有时代意义的建筑该如何保护与发展？是我们今天必须重新审视的问题。

进入存量的时代，尽可能多地利用存量、修补存量、更新存量，以解决我们的生存与发展问题，是无可厚非的事情。所以在此并不讨论建筑的去留问题，而是讨论怎么留、留多少、留下来怎么用的问题。我们需要一套方法，从一开始的分析判断，到怎么改造，如何改造，一直到最后的策划运营。也就是从规划策划、建筑设计、景观设计、运维计划几个领域建立统筹的策略和方法。然而这并不够，还有一点最重要的，就是我们要建立共同的价值观念，从而将中华优秀的传统文化、建筑文化、乡土文化，结合时代的需要传承下去，用以有调性地提升城乡建筑的品质，促进有中国特色的城乡风貌的形成。

城乡存量建筑更新是一项漫长、细致的工作，是关乎老百姓生活的、需要耐心的工作，是一件标志行业转型并步入高质量发展的工作，是需要全社会共同关注与面对的工作。其不仅仅是建筑的传承，更是一场文化的接力与传承！

2022年4月 于北京

目 录

第 1 章
文化观念与
存量更新

- **价值观的重要性**

  统一价值观，建立建筑长生命周期的概念。

- **认识存量建筑的两个三十年**

  新中国成立初期三十年，改革开放三十年。

- **建筑全周期的高质量发展**

  竣工前高质量的完成度与使用后高质量的运维度。

- **更新的观念需要转变**

  从大拆大建变成精雕细琢，从只重硬件变成软件升级，从片面建设变成全周期的品质提高。

- **拒绝愧对历史的谎言**

  "原拆原建""拆除性保护""新建再做旧"……

存量更新是一个需要很多人共同参与的工作，那么每个人的态度和直接操作方法便取决于自身的价值观。一个建筑是拆除、重建，还是保留、改造，取决于管理部门、业主、投资方、各专业设计师、施工方、使用方、运营方等多方面思想的共同作用。过去的问题、现在的现象、未来的目标，都源于所有参与者的文化观念作用的总和。做好存量更新，首先要形成比较一致的价值观。

1.1 中国人的建筑观

1.1.1 乡土观——千年文明之痒

中国几千年来的乡土文化基于农耕文明的传承与发展，尽管在当代文明的冲击下已经显得堪堪不支。中国社会在过去几千年的历史当中，"城乡"的概念从未有像今天这样明显的差异化，在传统中国社会相当长的岁月里，城乡建筑并未有明显的区别。民房、合院、庙宇、府邸等建筑在城乡之间只有规模的区别，并无形态之分。事实上，具有明显中国传统特色、符合天人合一的各地乡土建筑分布在这片土地上所有有人聚集的地方。而盖房子的方式也全部基于匠人的一脉相承的技艺和顺应自然的价值观念，这便是中国人内心的乡土观，以及朴素乡土观指引下生成的城乡风貌。

美国著名汉学家牟复礼（Frederick W. Mote）在对南京、苏州进行了大量的研究以后，指出中国城乡实际上是一个"城乡连续体"（urban-rural continuum）[1]，中国城乡的建筑样式、空间、服装、饮食、交通工具、日常生活及风貌等各个方面都未有城乡特色区分。而城市是对理想化和现实化的乡村生活的遵循和从属，符合中华文明的本质。[2]中国香港学者薛凤旋在对《清明上河图》的相关资料作了大量的分析和研究之后，总结道："建筑，包括住房、商业楼宇、庙宇和官府，在设计、朝向、样式和用料上，不论城市还是乡村都是一致

① MOTE F W. The transformation of Nanking, 1350-1400 [M] //SKINNER G W. The city in late imperial China. Stanford university press,1977: 101-154.
② MOTE F W. A millennium of Chinese urban history: form, time, and space concepts in Soochow [R]. Rice university studies 59, 1973: 37-38, 54-62.

的。"①但近现代受到西方城市学②的影响，人们也开始认为城市是比乡村等级更高、更加先进的文明。因此，中国城市中大量存在的乡土建筑一度被认为是落后、贫穷的象征，很多地方都恨不得将其快速抹去，用所谓先进的高楼大厦取而代之。同时蕴藏在中国城市和乡村中几千年的中国传统乡土观渐渐被城里人遗弃在乡村，甚至连乡村也开始嫌其落后，干脆摒弃。

对比中国很多大城市的中心区域，如北京内城（图1-1），或多或少还能找到和周边乡村（图1-2）同样具备乡土气息的风貌，这些地区风貌也成为外来者对北京等中国大城市最为深刻的印象之一。

与此同时，随着现代文明的发展、人口规模的增加，以及现代化集中生产与高密度集中居住的需要，当代社会资源不断地向城市聚集，最终不得不开始大规模的城镇化。人口聚集的结果是需要建筑具备更加确定的安全性、耐久性和稳定性，这和传统建造的自然观、乡土观产生了一定的背离。这表现在以经验为支撑的传统工艺的不确定性、以感官认知为基础的乡土材料的不稳定性与

图1-1　位于北京二环路内的具有乡土特色的新街口
（笔者自摄，2006年）

① 薛凤旋. 清明上河图: 北宋繁华记忆 [M]. 上海: 上海人民出版社, 2020: 38.
② 西方城市学是在资本主义发展的产物, 从整体上研究西方城市的产生、运行和发展规律的综合学科。美国学者刘易斯·芒福德（Lewis Mumford）的《城市发展史——起源、演变与前景》（1961年）一书, 系统地概括和总结了西方城市的发展历史, 阐述了城市发展与人类文明之间的关系。

图1-2　位于京郊的历史文化名村爨底下
（笔者自摄，2014年）

现代建造体系严谨科学性的矛盾上。因此进入现代文明的中国房子需要建造和
材料上的改变。

　　在当代中国产生了混凝土的仿古亭台楼阁，出现了钢混结构的大屋顶和混凝
土朱漆大柱、斗栱雀替，这些现象固然值得反思，但其仍能盛行一时，甚至用现
代材料作仿古之风至今仍比比皆是，其很重要的原因便是对传统形态难舍的乡愁
和怀念。那么，值得怀念的到底是样子，符号，还是更新后的本体？这是每一个
当代建筑师不得不思考的问题。

　　显然，单纯地模仿样子是一件值得商榷的事情，因为新的建筑已经不再需要
过去的构造，屋顶不再依靠找坡防水，斗栱没有了结构支撑作用，梁柱的穿斗或
抬梁完全违反了混凝土材料本身的逻辑。这些显然不具备合理性，仅仅是提供了
一个可以用来怀念的表象而已。

　　正确的乡土观是基于乡土建造理念的传承，而并非立面形式或符号的利用，
是基于乡土的哲学观念和思想。或许我们可以恢复创造当年的意境，而不是当年
的建筑形式，我们可以在思想层面与历史对话，而不是简单地模仿或者花费心思
地制造赝品，更或是做旧的赝品。

1.1.2 耐久性——百年建筑之痛

我国存量建筑的质量、维系与发展，特别是城乡现存历史建筑[①]、传统建筑[②]、乡土建筑[③]的高质量的修缮与维护，一直是行业的痛点问题。

对比东西方建筑历史，常常可以看到欧洲有上千年的罗马建筑、超过半个世纪的哥特建筑，甚至公元前的神庙、教堂，例如位于罗马的万神庙（图1-3）便拥有两千多年的历史，喜欢用石材的西方人用数十年甚至上百年去维持与发展他们的建筑与这些建筑的历史；而在我国，现存建筑中的历史建筑多数可追溯到明清两代，喜欢用土木的中国人更倾向于拆旧建新，告别过去。更加讲究实用性与顺应自然的中国哲学价值观往往更注重于房子的更迭，而不是房子的耐久。这对存量更新的文化价值观和建筑本身的质量两方面造成了比较深远的影响。

从文化价值观的角度，我国城乡更新过程中"拆"多于"保""毁"多于"留"；同时，土木建筑也易毁于战乱或水火灾害，保与留本身也是一件很难的事情。例如著名的黄鹤楼、滕王阁，历史上曾多次毁于战乱或火灾，经历过无数次的重建，现存的也是近些年新建的。"明星"建筑尚且如此易毁，那么民间的一般建筑便更加难以保存与维护，如图1-4中南京秦淮河保护区里的民居建筑。

在中国乡土文化的骨子里，人们认为儿女成家一定要盖新房，人生总要经历几次乔迁之喜，这种对新房、新居的热衷也注定了建筑是短时间的造物，人们往往不会纠结于经久传世。因此，我国大多数的房子从一开始建设的目标就是用一代，而不是用几世。中国人造房子的目标是代居、暂居，而不是世居、永居。

①《历史文化名城名镇名村保护条例》中规定：历史建筑是指经城市、县人民政府确定公布的具有一定保护价值，能够反映历史风貌和地方特色，未公布为文物保护单位，也未登记为不可移动文物的建筑物、构筑物。
② 传统建筑的概念相对于现代建筑，一般指具备百年以上历史的建筑。在中国建筑史的分类上，大多将辛亥革命以前，也就是封建社会及以前的建筑定义为传统建筑或者古代建筑。辛亥革命到新中国成立前为近代建筑，新中国成立后到现在的建筑为现代或当代建筑。传统建筑与历史建筑的区别在于传统建筑更加笼统，没有明确的保护要求。
③ 乡土建筑的概念存在一些争议。英国人保罗·奥立佛（Paul Oliver）在《世界乡土建筑百科全书》中指出了"乡土建筑"或译作"风土建筑"的几个特征：本土的、匿名的（即没有建筑师设计的）、自发的、民间的（即非官方的）、传统的、乡村的等。但是这一概念和乡土建筑的英文"vernacular"有着直接的关系，这一词的意为"白话的、方言的"，其实更加强调民间的概念，所以会强调匿名的特点。显然中文中"乡土"两个字别有意味，这个词很早出现在中国古文当中，包括《列子·天瑞》中有"有人去乡土，离六亲，废家业"。唐代封演《封氏闻见记·铨曹》中有"贞观中，天下丰饶，士子皆乐乡土，不窥仕进"。三国曹操《步出夏门行》中有"乡土不同，河朔隆寒"，等等。在中国文化中，"乡土"一词更加强调家乡、故土的概念。因此本书中的乡土建筑，指在城乡中存在的具有地方文化特征、采取当地传统工艺建造的建筑。

图1-3　拥有2000多年历史的罗马万神庙
（笔者自摄，2012年）

图1-4　南京秦淮河民居
（笔者自摄，2021年）

1.1.3 急建设——三五十年之伤

20世纪五六十年代，战火中重生的中国亟须解决几亿人口的居住与生产空间问题，因此国家进行了快速的建设，迅速解决了温饱问题。七八十年代，改革开放以后，面对在世界之林的落后局面，中国的建设更加进入一种前所未有的"时空压缩"①时代。不得不承认这一时期建成的大量建筑因为急切的需求和压缩的建设周期，建设质量存在一定的不足。事实上，在我们改造的大量存量建筑当中，五六十年代建成的建筑质量往往反而高于八九十年代。尽管五六十年代比较穷，技术也落后，但是工匠心态平和，建造也比较有耐心，反而是20世纪末和21世纪初的建筑，因为急躁的心态与短暂的工期，建筑质量呈现出不同程度的"缩水"，这也给今天的老旧小区更新、老城更新带来了极大困扰。

下面这张照片（图1-5）中是比较老的砖混住宅和相对新一点的贴面砖住宅。可以看到，瓷砖已经开裂，白色涂料也出现了破皮。而老住宅阳台的水刷石虽然看起来比较旧，但是还没出现开裂等现象。

图1-5 北京不同年代的住宅
（笔者自摄，2020年）

---

① "时空压缩"的概念源自大卫·哈维（David Harvey），哈维认为现代性改变了时间与空间的表现形式，并进而改变了我们经历与体验时间与空间的方式。而由现代性促进的"时空压缩"过程，在后现代时期已被大大加速，迈向"时空压缩"的强化阶段。

1.2 发展与转型

1.2.1 建筑的高质量发展

高质量发展[①]是近年来中国经济转型的高频用词，表明中国经济由高速增长阶段转向高质量发展阶段。这个表述同样可以应用在建筑领域，并有个颇为相似的概念叫"完成度"。过去我们在对海外建筑的学习当中，经常惊叹于发达国家建筑的"完成度"。不仅仅是地标建筑，也包括大多数的一般建筑，很多时候我们会发现发达国家的建筑设计未必多么新颖或优美，但是其完成度一定是很高的。特别是在日本、德国、瑞士等先进国家，建造的精准度和完成的质量非常高，即便是最平常的生活、生产建筑，也让人赏心悦目。

我国建设质量在不断地提升，近年来，以长三角和珠三角为代表的发达地区，其建筑质量已经达到或接近发达国家的建筑完成度。而且高质量的建筑不仅提升了城市形象，更加让老百姓和使用者从中感受到了生活和工作品质的提升。因此，随着国家的高质量经济发展目标的提出，建筑的高质量发展也提上日程。追求较高的建筑完成度已经成为中国建筑师奋斗的目标，我国"十四五"规划[②]也明确地指出"提升城镇化发展质量"。

"完成度"强调的是完成，即设计与施工的完成，除了完成度，建筑高质量发展的另一个维度是"运维度"，也就是一个建筑的使用、运营、维护的程度。运维度的高低决定一个建筑的使用效率、频率、修改情况和维修保养情况。如果后期的运维不好，那么之前完成度再高的房子也将随着时间逐渐快速走向衰败和凋落。因此建筑的高质量发展意味着竣工前高质量的完成度和投入使用后高质量的运维度。

下面这张照片（图1-6）是中国建筑设计研究院苏州分公司的驻地，也是利用存量民居改造的项目。从钢结构和竹地板施工可以看到长三角地区较高的施工完成度，各种材料的交接都很精准和细腻。同时，业主定期的维护也让这座建于20世纪90年代的老房子保持了良好的状态。

---

① 习近平总书记在2017年中国共产党第十九次全国代表大会的报告《决胜全面建成小康社会夺取新时代中国特色社会主义伟大胜利》中指出，"我国经济已由高速增长阶段转向高质量发展阶段"。
②《中华人民共和国国民经济和社会发展第十四个五年规划和2035年远景目标纲要》（简称"十四五"规划）提出了"十四五"时期经济社会发展主要目标。

图1-6 中国院①苏州公司（昆山）的施工完成度
（笔者自摄，2020年）

1.2.2 更新中的双碳目标

2020年，中国基于可持续发展的理念和构建人类命运共同体的主张宣布了碳达峰和碳中和的目标，即在2030年实现碳达峰，在2060年实现碳中和。

在我国，建筑全过程产生的碳排放占比达到一半以上，根据《中国建筑能耗研究报告（2020）》②，2018年建筑行业全生命周期碳排放占全国碳排放总量的51%。中国拥有超过600亿平方米的存量建筑，其本身的能源消耗就达到社会总消耗的三分之一以上，因此，存量更新对于国家双碳目标的实现有着举足轻重的作用。

在以往粗放的城乡建设中，大片的旧有建筑被拆除，大面积新建筑拔地而起，一拆一建产生了近乎双倍的碳排放。如何针对既有建筑实现能源及碳排放量的改善，对国家的节能减排非常重要。

① 中国建筑设计研究院有限公司，简称中国院。
②《中国建筑能耗研究报告（2020）》由中国建筑节能协会能耗统计专业委员会于2020年11月在厦门发布。参研单位包括多所大学及科研院所。

1.2.3　从经济强国到文化强国

在过去的70年里，中国一直在以经济建设为中心的道路上飞奔着。中国人以勤劳和智慧创造着大量的社会财富，从一穷二白到逐步富强，渐渐步入强国之林。2020年11月23日，全国832个国家级贫困县全部脱贫[①]，意味着中国开始全面步入小康社会。以经济为中心的国家发展取得了伟大的成功。但与此同时，文化发展却相对滞后，产生了一定的文化堕距[②]，表现为本土文化的不自信和缺失。在建筑设计上则表现为欧陆风、欧式、美式、日式、北欧风、托斯卡纳风、地中海式……各种外来建筑的历史风格和实验建筑在中国的泛滥，还有国内的复古之风与张冠李戴风，比如在西北、东北地区建造徽派建筑等。一时间五花八门的舶来文化大行其道，这说明了本位文化的不自信与空缺，以至于人们开始嫌弃土生土长的中国乡土文化落后、不够洋气、不够强大，便要从外面找他乡的文化来证明自己的品位，又或者从家底里翻个能够证明自己过去辉煌的文化，一味地追求复古，搞些汉唐风、唐宋风。在这样的背景下，挖掘我国自身文化，恢复文化自信，发挥文化自觉，建立文化强国就显得尤为重要。那么，基于历史的、过去的、本土的存量建筑更新，就非常关键了。即发掘和探寻我国几千年农耕文明与乡土文化的内涵，在对过去的不断认识中，重新认可自我，尊重自我，发扬自我，从而迈向内外兼修的真正的经济文化共同富强与腾飞。

图1-7所示是位于江苏昆山巴城镇的西浜村昆曲学社，由四栋民居改造而成。其地处昆曲文化孕育之地，不仅房屋风光优美，对中华民族传统文化的复兴与传承更加有意义。

[①] 2021年2月25日，习近平总书记在人民大会堂全国脱贫攻坚总结表彰大会上指出：我国脱贫攻坚战取得了全面胜利，现行标准下9899万农村贫困人口全部脱贫，832个贫困县全部摘帽，12.8万个贫困村全部出列，区域性整体贫困得到解决，完成了消除绝对贫困的艰巨任务，创造了又一个彪炳史册的人间奇迹！这是中国人民的伟大光荣，是中国共产党的伟大光荣，是中华民族的伟大光荣。

[②] 文化堕距由美国社会学家威廉·菲尔丁·奥格本提出，指"当物质条件变迁时，适应文化也要发生相应的变化，但适应文化与物质文化的变迁并不是同步的，存在滞后"。引自奥格本. 社会变迁［M］. 王晓毅，陈育国，译. 杭州：浙江人民出版社，1989：106-112.

图1-7 利用民居改造的昆曲学社对戏曲文化的复兴
（蒋彦之摄，2017年）

1.3 更新中的无奈

1.3.1 算不平的经济账

我国在过去很长的一段时间里，很多地方是通过简单的利益平衡来实现城乡建设的推进，甚至是基于利益的驱动。简单来说就是拆迁、补偿、卖地、提高容积率、增加土地收益，从而实现城乡的更新建设。随着国家宏观调控、建成区土地价值提升和市场竞争加剧，这种方式已经无法支撑原来的更新模式。同时，这种模式带来的社会问题也日益严重。简单地说，过去拆了棚户区盖高楼，换取了多倍的面积，赢得更多的利润，其中一部分用于改善公共环境，一部分变成了开发企业的利润。但如今这样的机会越来越少，因为建成区的拆改成本越来越高，同时随着不断拆改，容积率提升空间越来越小，开发企业利润也越来越低。为了应对这些问题不得不将传统的拆改模式改为存量更新方式，逐步转换思维：从大拆大建变成精雕细琢，从只重硬件变成软件升级，从片面建设变成全周期的品质提高。

提升建筑的维护服务，是日后存量更新的重要保障。试想，如果当下的大量高层建筑不断地变旧、变老，三五十年后成为新的"棚户区"时，还如何以提升容积率的方式进行更新？什么样的开发主体能够从中获取利益？日后更新量之大、之难可想而知，这是一件非常可怕的事情，只有升级软件、加强维护、增加物业的提升与业主团体的责任，不断地对建筑进行周期性的修补，才可能让这些建筑保持持久的生命力。事实上，物业保养或者说建筑的日常维护非常重要，定期的修修补补胜过于一次性的大拆大建。规范物业服务内容、明确物业服务标准、给予物业合理的维护费用，才能延长建筑的生命周期。这一点在城市住区中尤为明显。

在实际的老旧小区更新改造过程中，没有物业或物业费很低的小区基本上得不到有效的建筑维护，房屋品质和环境越来越差，如图1-8所展现的北京老旧小区。这些老旧小区成为城市中的烫手山芋，最终成为整个社会的负担。好的物业维护和与之匹配的服务标准，是城乡更新过程中至关重要的"降压药"。

图1-8 缺乏物业管理、环境杂乱的老旧小区
（笔者自摄，2020年，北京）

1.3.2 搞不定的技术关

经济账算不平还表现在另一个方面：在存量更新过程中建筑改造往往比新建还费钱，因此，开发主体宁愿拆，也不愿意改。当下的存量建筑大多产生于两个时期，或者称之为两个"三十年"：第一个"三十年"是多快好省的新中国建设期（20世纪50~70年代）；第二个"三十年"是改革开放后的快速增长期（20世纪80年代~21世纪10年代）。第一个"三十年"的主要困难在于经济比较落后，部分建设沿袭土木建造、部分现代建造，用料省陋、构造简单、监管较弱；第二个"三十年"的主要问题在于建设比较急躁，这一时期有些建筑质量还不及上一时期。这两个时期的建筑，特别是土木结构、砌体结构、砖混结构的建筑，经鉴定后几乎均为C级或D级①，加固难度和费用都比较高，有些甚至高到开发主体无法承受。

对于传统建筑材料及结构体系，目前缺乏有效的结构安全计算、消防认证和性能评估的标准规范。这对于传统乡土材料的使用相当于闭上了大门，也使得很多业主和设计师只能望土、木、石兴叹。当下，木构建筑只有在周边十米之内都没有房子的时候，以文物修复或者景观构筑物的方式建设。如福建泉州德化亨鲤堂（图1-9）的修复，只能按照景观构筑物进行搭建。

首先，在结构方面，尽管大专院校中的结构专业被命名为"土木工程系"，但实际培养的结构工程师大多不能计算土木结构，而是习惯于设计框架或者剪力墙的钢混结构。木结构、竹结构、夯土结构、石砌结构等传统建造方式目前在设计行业基本上都是无法计算的结构体系，更谈不上为加固和修缮出具图纸。

其次，在消防方面，土、木、砖、瓦、石的消防性能得不到有效认可。特别是木结构，往往要求木结构外面包裹4~5厘米的碳化防火层才能在公共建筑中使用，可是这样使用木结构还有什么意义，不仅断面变得过大，颜色和质地也完全没有木构的样子。土和石尽管看起来安全，但是作为天然材料其构筑体的耐火性能无法得到量化。因此，这些传统建材在消防审查面前举步维艰，于是很多开发主体不得不以钢混结构取而代之。

最后，便是规范和标准的缺失。尽管相关规范、标准已经编制了一些，但在运用当中这些规范明显"水土不服"，比如，虽然木结构有规范，但是仅限于木

① 既有建筑的结构安全鉴定标准参见两本规范：《民用建筑可靠性鉴定标准》GB 50292-2015、《工业建筑可靠性鉴定标准》GB 50144-2019，其中A级表示质量最好，D级可以认定为危房。

图1-9 按照景观构筑物修复的福建民居
（笔者自摄，2018年，德化）

桁架的计算，并没有针对传统建筑木结构的规范。同时，由于木结构防火等级不高，所以即便是木桁架体系实际上也没法执行。而砖石结构在抗震危险鉴定中，普遍只能判定为危房，即便大量的砖石建筑在经历多次地质灾害后仍然能保持较好的稳定性。其他行业要求，如绿色建筑、节能要求等更加"水土不服"，要么对传统材料"视而不见"，要么就是将其作为补充，经常出现本来保温良好的厚土墙穿上现代保温层，本来通风良好的开敞小院竟然加上人工新风的奇特乱象。

1.3.3　理不顺的价值观

价值观是人们判断对错的基准，是做人做事的内在准绳。决策者、实施者、从业者、使用者如果都认为一座建筑没有保留价值，那么其命运注定是消亡的。在现实的工程中，保留一座建筑是非常难的：首先，业主要下决心出很多资金，用来加固和处理各种疑难问题，普遍的成本是新建一栋同等规模建筑造价的两到三倍；其次，设计单位要付出更多的时间和更多的现场服务，远比新建项目要复杂；接下来，施工单位要小心细致，耐心处理，经常是施工单位到了现场开始做清理工作时，房子就倒了……最后，还要使用者满意，因为要利用原有的结构、材料，那么后期的改造难免有很多限制，有些可以通过投入或设计改善，有些则很难逾越。

在我国几千年的传统价值观里，房子要用新的，即便是阿房宫也可付之一炬。老房子改造得再好，在很多人眼中依旧觉得那是旧的、落后的。这种思维忽略了以下两个问题。

（1）历史和乡愁的问题

习近平总书记讲，"望得见山，看得见水，记得住乡愁"。[①]乡愁不仅仅是愁，更是一个国家的灿烂历史和面对历史的尊重的态度。世代相传的建筑和城乡风貌不仅仅是建筑本身，更加是一个街区、一个城市，甚至一个国家的归属感、亲切感，人民彼此的共情所在。今天改造的成本之所以高，在很大程度上是因为市场小、份额少、投入不够，还有大量可选新建市场对行业的冲击。但是中国不能永远是世界的"工地"，随着几十年的大干快进，终归要进入平稳时期。建筑有序更迭，维护和延长建筑的生命周期，减少大拆大建，才能实现城乡建设的健康发展。

（2）观念与材料的与时俱进

中国传统的自然观是基于土木建筑可以回归自然的生态循环，是基于土地、林木、黏土、石料等资源丰富而人口相对不多的自然条件，是基于农业生产与农耕文明相对封闭的生活方式。随着城市而产生的人口大量聚集、生态保护与自然资源紧缺、开放包容与国际接轨，今天主流的建造方式变了，建筑材料变了，观念也只得改变。这里的改变不是一种正向的选择，而是一种顺应或者适应的方式，也就是要适应，让房屋有更长的生命周期，让街区、社区、乡村或城市保持一种不断得到修补的状态，只有这样，才是建筑和城市延续的永恒之道。

1.4 乡土里的情结

1.4.1 乡土文化与中国情结

费孝通先生的《乡土中国》深刻描述了中国人对自然、社会的文化认知。并且作出了"中国社会是乡土性的"这个重要的判断。"乡土"两个字凸显了中国

---

① 2013年12月，习近平总书记在中央城镇化工作会议中所作的报告中指出：要让城市居民望得见山，看得见水，记得住乡愁。

人内心的情结：乡是社会，土是自然；乡是家乡、故乡、亲人、家人，土是土地、粮食、根源、地缘。乡是中国人的精神，是家风，是孝道，是无论多远都要牵挂的家；土是中国人的财富，是安身，是立命，是生生不息都要依附的根。世界上可能没有一个国家或民族比中国人更重视家，更重视土地，这一点和农耕文明密切相关，因为家可以更有力量，一起农作，一起收割，一起面对自然灾害。而土地可以生养我们，也教会中国人从土地中收获，但也要将一切最终还给大地。这和海洋国家、游牧民族、殖民国家有着本质的区别。

乡土性潜移默化地融入所有中国人的内心。无论是在城市还是乡村，中国人都遵从和农耕生产密切的二十四节气，其中有两个重要的节日——上半年的清明节和下半年的中秋节，已经成为公共假期，一个祭祀先人，一个用来团聚，这两个行为显然和农耕有着密切的关系。我们设想这样一个画面：黄河流域的冬天过去了，一家中国百姓终于熬过了漫长的寒冬，4月初已经春暖花开，可以进行耕作了。这时他们返回到土地上，看到了经历了寒冬，落满枯枝落叶的先人墓地，便开始打扫，然后祭拜一下，祈求祖先保佑今年有个好收成，这便是清明节。到了8、9月份，粮食获得了大丰收，在外求学或打工的家人也都回到家乡的土地上帮忙，终于在农历八月十五日之前收割了满满的粮食和果实，于是一家人团聚在一起，聚餐赏月，这便是中秋节。从这些中国特有的传统节日，我们不难看出中国人的乡土情结，是源自灵魂深处的，在一朝一夕中不断养成的。

故此，中国的城乡存量更新是要尊重和理解乡土文化的，是要保护和传承乡土文化的。这不仅仅是对过去的认知，更是具有中国特色的城乡发展中不可或缺的灵魂。

1.4.2 乡土材料与匠人精神

以土、木、砖、瓦、石为代表的乡土材料是中国本土建筑造诣的精髓，也是中国人最喜欢的自然、生态的建筑材料。与此同时，以木匠、石匠、瓦匠为代表的传统中国建筑匠人，他们对材料细节和构造方式的专注，也是中国几千年传承的文化精神——匠人精神。

几千年来，中国建筑、园林样式未有大变化，匠人更加注重细节构造以及对装饰与材料的研究。特别到了明清两代，建筑细部之精致，纹理样式之复杂，工艺技法之精准，已经达到前所未有之大成。同时也形成了一种基于师徒或血缘传承的，从小培养的、细致耐心的、用一生时间去专注的"匠人精神"。

今天的建筑师、规划师被称为"师"，表达了一种对行业的尊重，古人称

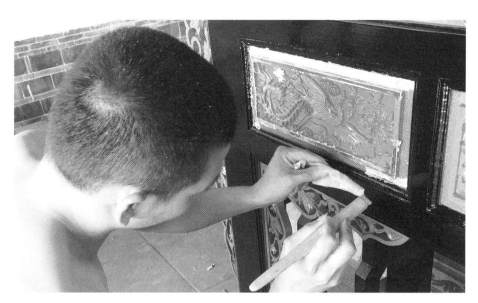

图1-10　一点点修复木漆的匠人
（笔者自摄，2019年，泉州）

之为"匠"[①]，表达的是其在行业方面的造诣。我们经常说"匠心独具"，实际是说设计构思新颖，非常巧妙。而之所以能够达到"匠"的水准，是因为从业者在这个行当长期持久的磨炼和专研学习。古代的"匠"往往是世袭的，也就是一辈传一辈的手艺，如图1-10所示为福建永春县一位传统匠人正在修复木纹饰。尽管中国的土木建筑不够持久，但是技术的传承是不间断的。中国人好古，更加尊重古人，比如木匠要追溯到春秋战国时期的鲁班，而技术的传承也源自上古时期。事实上，这些工艺和技法传至今天，已经经历了大量各个历史时期杰出匠人的改良。这便是中国最基本的工匠精神，他们专注、耐心、执着、尊师重道、崇敬历史。而我们今天的城市更新、乡村复兴，所缺的正是专心、耐心和对过去的尊重。

1.4.3　乡土建筑与民族象征

每当有外国友人或海外专家来北京，我都喜欢带他们去看北京的城市建设，带他们去看北京的CBD、千奇百态的新建筑，也会带他们看老北京的四合院、胡同、后海。他们离开北京时我便会问问令他们印象深刻的是什么，所有人的回答都是胡同、四合院、老城，而那些CBD的高楼大厦、体育场、大剧院他们在参观的时候也会觉得很震撼。但只是当时的震撼，是一种可以来自世界任何地方

①《辞海》关于匠的解释：指在某一方面造诣或修养很深的人。

图1-11 外国朋友心目中的北京
（笔者自摄，2006年，北京南池子）

的震撼。而老城里的那些微小的、脆弱的、近乎毁灭的乡土建筑（图1-11）带给他们的才是只有中国能够带给他们的、来自一个民族象征的震撼。这种震撼是强大的、久久挥之不去的、在地的、民族的、中国的。这种乡土建筑的震撼来自时间，来自百年的积累，所以当很多人想拆掉它们，然后说用新砖新瓦恢复成原来的样子时，结果只能是一种欺骗，这拆除的不仅仅是房子，更是百年的积累！面对存量更新中有保留价值的乡土建筑，所谓"原拆原建""拆除性保护""新建再做旧""保护性拆除""维修性拆除"……都将失去其历史价值。

1.5 文化传承案例：镜花水月，梦中桃源

苏州市昆山市小桃源项目位于昆山市城市西侧边缘、马鞍山路北侧，也是阳澄湖文化遗址公园的南大门。这里有一组闲置建筑，位于一座小岛上，四面环河。由于无人经营已久，小岛上翠绿如盖，建筑都已淹没在绿荫当中。

1.5.1　昔日病院

　　这里昔日曾经是一座麻风病院，也就是一座隔离医院，四面环水（图1-12），利于管控，也为此处平添了一丝寒意。后来这里曾承包给私人业主作为农庄经营，但是不久便被弃置了。小岛上从南向北依次有入口大石（图1-12中1号），两栋砖混门房（图1-12中2~3号），中部偏西一座新建办公用瓦房（图1-12中4号），正中一座硬山搁檩、已经用于堆料的老房（图1-12中5号），中后部一座带天窗的用于办公的老房（图1-12中6号），西北角一栋库房（图1-12中7号），最北侧一栋2层宿舍（图1-12中8号），东北侧一组失修库房（图1-12中9号），正东一栋库房（图1-12中10号）和一座水塔（图1-12中11号）。当时6号、9号库房与8号宿舍之间有一滩浑水，蚊虫颇多。寒翠清冷，略显荒芜，园外马路每天上下班车流穿梭，都市繁华，可惜小园里却凋敝失色、人迹罕至。

1. 入口大石　　2. 第一栋砖房　　3. 第二栋砖房
4. 较新的新建办公用瓦房　　5. 中心的砖房　　6. 有老虎窗的砖房
7. 紧邻病房的砖房　　8. 2层宿舍　　9. 失修库房
10. 水边的砖房　　11. 废弃的水塔　　12. 向北的车行路

小桃源用地四面环水，风景优美，多年以前，是昆山当地的一家医院，而后又被改作圣明农场。如今，只剩下一些破旧的房子。但无房屋之处已经绿树成荫，自然生态良好。

图1-12　现状情况
（中国院项目组绘制）

1.5.2　玉山雅集

这里历史上曾经是玉山雅集的发生地，也是阳澄湖遗址公园的入口。元代末期，大商人顾瑛不想为元人朝廷所用，便将生意交给子嗣，自己回到故乡正仪，在此处向北延绵数里地，一直到绰墩山北[①]，修建了玉山草堂，并召集杨维桢、柯九思、倪瓒、张翥、黄公望、王冕、郑元佑等著名大家（表1–1），在此地吟诗作画、谱曲填歌，后人将这些诗词歌赋整理成册，称为《玉山雅集》或《玉山名胜集》[②]。此间各种文学创作与曲艺切磋也极大地促进了昆曲的形成。

历史上，玉山雅集与以王羲之、谢安、王献之等人形成的兰亭雅集[③]，还有以王诜、苏轼、黄庭坚等人形成的西园雅集[④]，并称中国古代文学史上的三大文人雅集。[⑤]杨维桢对比了兰亭、西园和玉山三大雅集，认为："兰亭过于清则隘，西园过于华则靡；清而不隘也，华而不靡也，若今玉山之集者非欤？"[⑥]也便是说兰亭过于清简，西园过于奢靡，只有玉山雅集，清雅而不小气，华美又不奢靡。

玉山雅集主要人物资料　　　　　　　　　　　　　　表1–1

人物	别号	出生地	职业	作品
顾瑛	金粟道人	昆山	诗人、文学家、书画家、戏曲家	玉山雅集
杨维桢	铁笛道人	绍兴	诗人、文学家、书画家、戏曲家	铁崖体（古乐府诗）、春秋合题著说等
柯九思	丹丘生	台州	画家、鉴赏家	竹石图、清閟阁墨竹图、双竹图
郑元佑	尚左生	遂昌、杭州	文学家	《侨吴集》
张雨	句曲外史	杭州	诗人、词曲家、书画家、茅山派道士	台仙阁记、题画二诗、句曲外史集
王冕	梅花居主	浙江	画家、诗人、篆刻家	墨梅、白梅、南枝春早图、墨梅图、三君子图
倪瓒	净名居士	无锡	画家、诗人	渔庄秋霁图、六君子图、容膝斋图、青閟阁集

---

① 顾瑛. 玉山璞稿［M］. 北京：中华书局，2008.
② 顾瑛. 玉山名胜集［M］. 北京：中华书局，2008.
③ 兰亭雅集：东晋永和九年（353年）时任会稽内史的右军将军、著名书法家王羲之，召集好友和社会名流42人，包括王凝之、王徽之、王献之、谢安、谢万等人，于会稽山阴之兰亭（今浙江省绍兴市西南）举办了第一次兰亭雅集，收录诗词37首。
④ 西园雅集：北宋元祐年间（1086~1094年）在驸马都尉王诜府邸花园（西园），王诜邀请苏轼、苏辙、黄庭坚、秦观、李公麟、米芾以及日本圆通大师等16位文人雅士在此集会作诗。王诜请著名画家李公麟把聚会的场景画了出来，取名《西园雅集图》，著名书法家米芾为画作题《西园雅集图记》。
⑤ 画家张渥画有《玉山雅集图》，杨维桢为此画作题，论述了三大文人雅集。
⑥ 杨维桢为画家张渥所作《玉山雅集图》写的题跋中写道："夫主客交并，文酒赏会，代有之矣。而称美于世者，仅山阴之兰亭、洛阳之西园耳，金谷、龙山而次，弗论也。然而兰亭过于清则隘，西园过于华则靡；清而不隘也，华而不靡也，若今玉山之集者非欤？"

然而时过境迁，这里已经再不复六百年前的文化盛宴，如何用这里的存量建筑，恢复当年玉山雅集里描述的笙歌画卷，重新拾取当年的风云意境，使一座令人望之生畏的病院变成一座城市的文化高地，成为这里建筑更新的目标。

1.5.3　故梦新生

这个项目的改造遵循了一种依据历史文献、拾回历史情景、再现文学意境的方法。玉山雅集中描述了24处佳境，即玉山草堂的24景，可以通过诗词文字进行空间和景致特征推断（图1-13），其中最早的几处佳景，曾被顾瑛称为小桃源，也是本项目名称的来源。小桃源是当年玉山草堂的一期工程，也是如今阳澄湖文化遗址公园的一期工程。

玉山雅集中关于小桃源有很多描述。至正八年，杨维桢为顾瑛作《小桃源记》中有："隐君顾仲瑛氏，其世家在谷水之上，既与其仲为东西第，又稍为园池西第之西，仍治屋庐其中。名其前之轩曰'问潮'，中之室曰'芝云'，东曰'可诗斋'，西曰'读书舍'。又后之馆曰'文会亭'，亭曰'书画舫'，合而称之，则曰'小桃源'也。"[1]可见，小桃源中最重要的建筑是芝云堂，又有可诗斋等其他景致。

图1-13　玉山雅集24佳处意向推断图
（笔者编制）

① 顾瑛. 玉山璞稿［M］. 北京：中华书局，2008.

关于芝云堂，也有很多诗词描述，如郑元祐这样描写芝云堂："溪望昆山裁十里许，其出云雨、蒸烟岚，近在目睫。且筑室於溪上，得异石於盛氏之漪绿园，态度起伏，视之，其轮囷而明秀，既似夫云之卿云。其扶疏而缜润，又似夫仙家之芝草（灵芝）。遂合而名之曰'芝云'。"

这些描述都非常美，也很动人，但是小桃源早已不复存在。后人固然可以意会，做个所谓仿古建筑群来恢复玉山草堂，但却过于浅白。如何用现有的建筑以及建筑的时空气质，找到当年的意境，形成时空间的艺术共鸣，才是基于存量建筑的文化意匠更新的思考。

于是，在昔日的麻风病院中游走，感受每一栋建筑的气质，感受每一处角落的特征，想象当年哪些情境会在这里发生，一场基于文学线索的、关于小桃源的梦境的帷幕已经渐渐拉开。

1.5.4　因才造物

步入园中，先有一石，路绕石过，颇为恭敬。与玉山雅集中所述"拜石坛"意境吻合，故造镜桥月影，叠环水坛，作拜石坛。

砖房两栋，庭前大树，亭亭如盖，荫下清凉。与玉山雅集中所述"寒翠所"意境吻合，故造素砼游廊，两间青舍，作寒翠所。

岛间西畔，东西一轩，来归有径，门阔通达。与玉山雅集中所述"来龟轩"意境吻合，故造敞厅帘影，堆土如龟，作来归轩。

林深之处，一阁一楼，围院可诗，落叶如雪。与玉山雅集中所述"可诗斋""听雪斋"吻合，故造小阁庭院，林中秘境，分作可诗斋、听雪斋。

东北一隅，水岸绿畦，地势开阔，凭风俊秀。与玉山雅集中所述"芝云堂""钓月轩"吻合，故造近水小亭，光影屋面，分作钓月轩、芝云堂。

桥亭水苑，皆为因才造物，以诗词为引，凭意境还原，恢复当初玉山雅集之描绘：随玉带桥步入，先有拜石坛、寒翠所、来龟轩；后又可诗斋、听雪斋、钓月轩；再有芝云堂，辅以五谷园及码头，一气呵成，历时五载，将今世之解，尽现于此，风物神韵，雅性如昨。

上述因才造物，有很多巧合，也有很多异曲同工之处。比如第一次在这里我们就看到了门口有一块大石，不禁想起顾瑛当年也发现了一块石头。这个石头侧面看像是一个佝偻着后背的老人在读书，顾先生觉得这块石头是老苏（苏东坡）在读书，于是便把这块石头供奉起来，每日拜拜，故称为"拜石坛"（图1-14）。再比如原来宿舍的北边是一片小树林，我们第一次步入发现落叶有十几厘米厚，

图1-14　保留的砖房、更新的景观和意境的老苏
（笔者自摄，2021年）

踩上去沙沙作响，风过之处，落叶飞舞，顿时想到了听雪斋的意境，感受到了江南暖风中的"落雪"。根据每个建筑的气质，将当年的文学场景再现，通过意境更新建筑，从而探寻失落的文化。

1.5.5 乡野园林

玉山草堂被称为草堂，代表了一种朴素的自然观，既是文人雅士对自宅的自谦之名，也体现了一种不拘小节的豪迈之气与顺应乡野自然的人生价值取向。草堂是乡野园林的别称，与精致的苏州园林相比，草堂轻建筑而重草木，轻园围而重乡野，人工化的痕迹更少，自然和野生的植物景观更多。因此在小桃源的景观设计当中，大量地保留了现状中的水杉等树木，保持生态驳岸，种植芦苇、狼尾草等野生植物，让整个园区沉浸在乡野自然的格调当中（图1-15）。

乡野园林代表了中国古代文人对大自然最为原真的价值观，是一种最朴素的建造态度，是基于田园生活的思考与创造。这种创造并非放任自流，依旧需要大量的付出和文人情怀，将原本的荒芜变成和谐的、清新的景致，将简单的山水草木变成诗与梦想。如果把云云大自然比作一种存量，那么乡野园林的处理手法正是一种更新的态度：对现有的植物打理并使之生长得更好并形成高低错落的景

图1-15 建成后的乡野园林
（向刚摄，2021年）

致，把水系河流清理干净并使之形成自然的循环，尽量利用原生的植物、草木，重新梳理现有的水系、土石，使之生机盎然，亲切舒适。

1.5.6 文人梦想

小桃源代表了时隔六百年的文人梦想，也是将对美好生活的向往和艺术意境融于建筑与景观当中。中国文人雅士通过景致的塑造，提炼出对人生理想和艺术境界的追逐。如听雪斋，事实上江南很少下雪，但是树种多样，四季蹉跎，落叶沙沙如雪，故名听雪；如钓月轩，在水中钓月，原本便是诗人浪漫的想象，钓的并非月亮，而是沉静的心境；再如芝云堂，屋顶形如芝云，遮天映日，或许只有这样的大顶盖，才能"大庇护天下寒士俱欢颜"（图1-16）。

文人的梦想说明了境由心生，一座建筑在很多人眼中或许已经残破不堪，或许已经不值一留，可是在画家的笔下，却能栩栩如生，光彩照人。同样，很多房子通过意境的重塑、设计力量的介入，也可以获取新生，创造不同于一般的美丽。所以，不可轻易地宣布一座建筑的死刑，而需要小心翼翼地整理线索，梳理文脉，赋予更新和创新的可能。

千百年来，中国文人最擅长的，便是依据眼前的现实，顺应自然，依据物理，修葺造势，营建恰到好处的环境、情境和意境，化不顺于畅通，化腐朽于神奇，创造一个乡野而不失精致、创新而不失传承的美丽桃源（图1-17）。

图1-16 取自芝云意向的屋面
（笔者自摄，2021年）

图1-17 修复后的小桃源
（向刚摄，2021年）

1.5.7 再现桃源

元末，铁笛先生杨维桢作《小桃源记》，赞顾瑛宅，曰："殆不似人间世也。"
小桃源内有轩有室，有斋有亭，有木有竹，有溪有池，四时花木，芳华一时。其
间的美好在于，并未有开山劈地、惊天造物，而是在现有的建筑、环境的基础上
修修补补，自然而生（图1-18）。

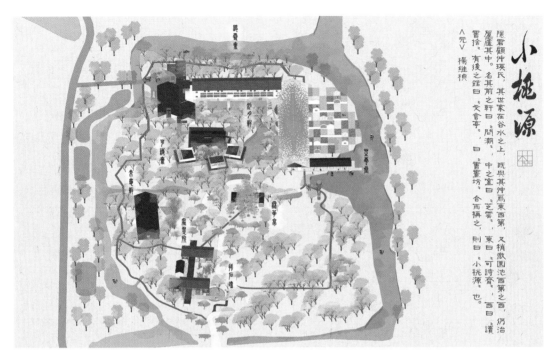

图1-18　昆山小桃源空间更新意向图
（中国院团队制作）

其实存量更新是一个理顺的过程，把所有不顺的环节改善，将所有缺失的环节补齐，也就是基于现有机体的修复自新过程。这个过程在于原有体系的完善、新增内容的和谐融入，从而使老的机体获得新生，不断地向前发展。

回顾东晋陶渊明写《桃花源记》发生在"晋太元中"（376～396年），距"避秦时乱"隔世五百余年，"乃不知有汉"。五百年间的桃花源"屋舍俨然，有良田、美池、桑竹之属。阡陌交通，鸡犬相闻。其中往来种作，男女衣着，悉如外人。黄发垂髫，并怡然自乐"。其风光景色五百年间未有大变化，却不乏与时俱进。所谓"男女衣着，悉如外人"，这里描述的是一个长长久久的完美世界，年复一年，轮回如昨。假如你从桃花源走出，无论历经千百年或怎样的科技变化，忽然有一天，重返桃花源，你应该热泪盈眶，因为，那儿还是家的模样！

案例小结

- **历史文化或故事文本是更新的最佳主题**

  城乡存量区域都是有历史的地方，或多或少都有自己的故事。

- **恢复意境比恢复形式更加重要**

  时代在变，技术在变，当下也很重要，没必要拘泥于过去的形式。

- **中国文化的精髓在于顺应自然，因才造物**

  将眼前的一切理顺，将不好用的修好，这就是存量更新。

- **无论历经千百万年，你心中不变的，还是那座桃花源**

  每个人心中的桃花源，不会因为世事变化而激变；

  每个人心底的那份乡愁，永远是内心最深处的寄托；

  存量建筑更新，留下的每片痕迹，都是一缕情依……

第 2 章

功能策划：
更新的前提

- **存量建筑闲置的危害性**

  房屋闲置的时间越长，则更新改造的难度越大。

- **制定更新可行性评估**

  基于安全、环境、市场、成本和难度的综合分析。

- **警惕建筑性质的改变**

  从个体居住到公共居住、从工业建筑到民用建

筑等的性质变化。

- **不要辜负原建筑的实现度**

  充分利用原建筑的空间、材料、构造特点，包括居住在内的平面组织等，呵护历史信息，传承文化记忆。

功能策划是决定一个更新项目能否启动并成功的关键。切合实际的、符合原建筑外部条件和内在气质的建筑策划是城乡存量更新能否成功的先决因素。庄惟敏院士提出"前策划后评估"的建设思想,其中"前策划"是指在建筑设计开始前,建筑师基于时态调查而不依赖于经验和规范完成总体规划目标设定的过程。[①]存量建筑更新较新建的建筑设计更加需要基于时态调查的前期策划。

2.1 准确的功能策划是成功的开始

2.1.1 功能——建筑存在的意义

建筑是人类的造物,其产生便是因为人类有功能上的需求。当建筑无法满足人们对功能的需要或者其原有功能不再被需要时,便成了无用之物。这里包括两种情况:一种是建筑本身不行了,可能性能质量、空间格局或者特定的要求达不到人们的使用预期,比如很老的住宅防水、保温不行,最后根本无法居住。第二种情况是建筑质量没有问题,而这种功能不再被需要了。最典型的例子就是煤电厂,国家裁减煤炭消耗,不再支持用煤炭发电,于是那些建筑质量仍然良好的电厂便失去了功能,成为下一步拆迁的目标(图2-1)。

图2-1 因为能源转变而停产的20世纪90年代煤发电厂
(笔者自摄,2017年,苏州)

① 庄惟敏. 建筑策划与设计 [M]. 北京: 中国建筑工业出版社, 2016.

无论是房屋自身原因还是外部原因，当其原有功能不达标或者失去时，建筑便失去了存在的意义，成为被闲置的对象。

2.1.2 闲置——摧毁建筑的屠刀

对于建筑而言，最可怕的事情莫过于闲置。有维护地被使用才是建筑的生存之道。建筑一旦被闲置、弃置，其质量和状态便会迅速地走下坡路。对历史建筑的调研显示，很多时候一旦建筑被定级成"保护建筑"，一些地方便会采取一些错误的做法。他们想办法将建筑从原住民或产权人处买断或交割，然后将这些房子"保护"下来，以便以后进行旅游和文创发展。但经常一搁置就是好些年，结果这些建筑质量越来越差，三年一小修，五年一大修，最后的结果是这些房子成了当地的负担，成了投入的无底洞。

首先，建筑一旦闲置，便失去了日常的维护与保养。只有天天用的建筑，人们才会关心其上下水通不通、窗户能不能打开、电路是否完好、是否漏风漏雨，从而进行及时的修缮。得不到及时修缮的建筑就好像得了小病而不治理，最终会酿成无法治愈的大病。其次，建筑如果被闲置，人不住了，那么虫蚁小兽就会出入自由。一旦有了虫蚁，土木建筑基本上很快就会塌掉，钢混建筑虽不至于很快倒塌，但也会被折磨得千疮百孔、遍体鳞伤。最后，房屋长期闲置，一旦防水或门窗被破坏，水汽和风沙就会进入室内，造成自然侵害和锈蚀，房屋的质量也会受到严重的破坏（图2-2）。

图2-2　无人使用就会快速塌落的土木房子
（笔者自摄，2017年，赣州）

图2-3 多数存量建成区都拥有较好的区位优势
（笔者自摄，2021年，北京）

2.1.3 策划——改变存量的轮回

重新赋予建筑功能，是一个策划的过程。房子的第一次生命大多因需而建，而从第二次生命的开始，便需要详细的策划了。因为房子已经存在，环境已经成型了，各种社会关系也已经稳定了，能做什么、不能做什么，所受的限制都比较多了，这也是存量建筑更新过程中最难的环节。

传统以开发为主导模式的城乡更新适应性越来越差，实质上以往的建成区开发建设是通过土地价值提升和增加建筑面积而盈利的，便是前面说过的通过增加容积率、增加面积，甚至是增加地下面积而获利。然而当下，这种开发模式的更新已经逐渐无利可图。那么就需要一种点对点的因需开发模式，将实际的需求融入更新点位，并进行逐点的更新，这是大势所趋，因为有需求才可能盈利。大部分存量建筑因为建得早，通常占据比较好的区位，如北京的二环路内（图2-3），这也为其提供新的功能需求创造了有利的地理位置条件。是否能够结合真实的市场需求，精准地进行功能策划，是存量建筑能否完美轮回的关键所在。

2.2 可行性的研究

2.2.1 建筑安全性评估

存量建筑如何能够改造，怎样改造？首先要请专业公司进行安全检测。依据《民用建筑可靠性鉴定标准》GB 50292-2015、《建筑结构检测技术标准》GB 50292-2015和《危险房屋鉴定标准》GB 50292-2015给出房屋的安全等级。根据安全等级来判断哪些部位需要加固，采取哪些加固措施。通常情况下，建筑基础和墙面都需要进行加固（图2-4）。

图2-4　正在进行基础和墙面加固的项目
（笔者自摄，2017年，昆山）

　　事实上，在存量更新过程中，安全判定远比上述判定复杂。因为现实的存量建筑往往杂乱无章，很多已经经历过一定程度的翻新和改造。同时，在实际的生活当中，其融入了大量的生活设施设备和构筑物，有些已经和结构混合在了一起。这也是为什么保留比新建难得多的原因。因为以往的建筑在维护与保养上的不规范，导致当下的更新特别难。故此，当下的更新需要花费大量的时间进行结构和材料上的梳理，将建筑物、构筑物、设备等逐一分清，再一一进行排查，没有捷径可言，只有耐心和细致。

　　安全性评估不仅仅是结构安全，还包括抗震评估、防灾评估、消防评估等方面的工作。当然，改造目的为公共建筑的项目，上述评估必须一一落实完成。而改造主体为个体时，可以适当简化，其被保障目标更加清晰，没有公共安全的危害，因此在存量更新中应该鼓励以业主为主体的自发性更新。

2.2.2　环境及交通评估

　　环境评价报告和交通影响评价报告是常规项目前期研究的需要，在存量更新过程中受建成区环境的影响，往往不在于最优，而在于更优。通过更新能够改善对环境、对交通的影响，则是有利的趋势。我们不能以新建的标准来要求存量更新，因此在作此类评估时，更应该侧重于改善的情况评估，而不能教条地执行对新建建筑的评估标准。

特别是在一些生态保护区域内的改造常常因为生态保护条例而无法进行。这种情况下，相当于生态保护区内的人为活动已经存在，那么尽量减少和修复这些活动对生态环境的影响，总比放任自流要好得多。生态的改善无非两种途径：一是原始保护，也就是保持原生态；二是通过技术手段降低人为影响，也就是通过科技实现更有保障的生态平衡和循环。对于存量更新，第二种生态保护的模式显然更加合适。

除此之外，还应提前了解建筑的日照条件、风向条件、温湿度等环境因素对于建筑本身和新功能植入的影响。

2.2.3 市场和前景评估

正确的更新目标的形成，有赖于准确的市场调查及前景评估。基于市场调控的个体发展更新显然更加定位准确。比如一个社区需要一个超市，那么局部空间更新为超市自然就具备良好的生命力。因此在难以评估的情况下，以个体为主体的微更新显然具备更好的适应性和灵活性。事实上对已有片区进行产业规划是很难的事情。对于新区，可以先有功能规划，再吸引适合其产业规划的人群，但是对于存量区域，这种方法显然不适应，只能按照现有的人和建筑来进行规划。很显然，既有人群是不适合被分类规划的，不能想当然地作规定，而只能通过社区工作和示范更新来引导主体作出反应和判断，从而形成基于小微更新和渐进式更新的规划。

2.2.4 造价与难度预判

存量更新项目的难度主要取决于资金和技术两个方面，其中资金显然是最具决定性的因素。过去往往就是因为改造的成本大于新建的成本，才导致大量的存量建筑被拆除。在技术没有因为大量普及而降低成本时，造价的控制在存量更新项目中便显得非常关键。当然，造价的高低在很大程度上也取决于对难度的预判。

在实际操作过程中，难度预判的困难来自很多隐性的环节，比如基础的加固代价、体系的提升代价。这需要设计师具备一定的经验和判断，从而不至于让更新项目深入泥潭、举步维艰。在作出技术选择的决定时，一定要综合多专业和多方的意见，选择最为适合的技术手段和方式，这往往会对造价的节省起到事半功倍的作用。

2.3 存量建筑的更新模式

2.3.1 原功能不变的品质提升

1）居住建筑的品质提升

历史上的中国人，非常顺应自然地建造居所，根据不同的气候、地理环境和资源建造了不同的地方民居，比如北京的四合院、西北的土窑洞、广东的围龙屋、福建的祖厝、江南的粉墙黛瓦等。但随着时代的发展、人们生活方式的改变，这些传统的居住建筑大多无法承载新时代的生活需求。这类建筑亟待安全性、舒适性的改造和品质的提升。

首先，便是安全性的改造。之前说过中国人的房子主要是代居，而不是世居，时间久了以后其质量比较差，存在安全隐患。因此，第一步就是消除安全隐患，也便是常说的加固改造。其次，乡土建筑大多已经无法满足现代舒适性的要求，因此需要进行舒适性改造。比如卫生间入户，保温、防水材料的更换，加强房屋气密性、水密性等。再次，要保证乡土性品质提升，最重要的是对乡土工艺和乡土材料的传承和改良，除了基本的安全性、耐候性、耐火性等性能的提升，还要兼顾材料的经济性、实用性和环保性能。工艺的提升更加关键，需要设计师和匠人研发新的构造和节点方式，这点也至关重要。最后，居住建筑的品质提升主要是靠业主的自发改善，因此还要充分发挥社区营造和社会治理的作用，从而促进自下而上的更新模式。如图2-5所示为业主参与下的北京延庆民居改造。

图2-5　业主自发的建设更新
（笔者自摄，2020年，北京）

2）公共建筑的功能更新

公共建筑的改建、扩建是普遍存在的，这是因为公共建筑的质量基础较好，资金筹集相对容易。大多数继承原有功能的公共建筑改造是基于某个方面的专项改造，如加固改造、节能改造、门窗改造、水电改造、外立面或幕墙改造等。另外，由于人们对建筑室内环境的要求往往高于室外，而室内环境的更迭速度和人们生活工作方式的转化比较快，公共建筑比较常见的更新方式便是室内重新装修。图2-6为北京安苑里社区服务中心的室内装修，通过内装的更新可以快速提高建筑的舒适度和使用品质。

值得注意的是，公共建筑的各种专项更新需要进行统一的规划和实施步骤设置，避免重复性的工作和由于步骤颠倒引起的返工和建设性破坏。

3）生产建筑的转型升级

生产建筑包括工业建筑、农业建筑、仓储建筑、研发建筑等，是城乡建设发展中的重要部分。所谓安居乐业，用于居和生活的建筑非常重要，用于业的生产建筑也不容忽视。在以往的城乡建设过程中，生产性建筑往往会由于重大的技术改进和更新，而产生建筑形式上的蜕变。产业和技术的变革也推动了其建筑的变革。事实上，过去为了快速盈利，生产建筑的质量大多不高，加上各地对于产业项目的招商引资政策，使得此类建筑在完成一定时期的生产后，弃置多、转型

图2-6　室内重新装修的社区服务中心
（笔者自摄，2022年，北京）

图2-7 很多城市的工业厂房变成了仓储基地
（笔者自摄，2020年，北京）

少，降级多、升级少。企业停产后若要转型需要更多的资金和投入，而先期享受的政策红利往往用完了，所以企业宁愿再找一片地，再享受一次招商政策，也不愿进行更新，从而使得原有用地闲置，加之用地权属上的纠葛，这些产业用地便成为低不成、高不就的遗留问题。城乡中心区往往会出现这样的闲置用地，或降级成物流和临时仓储用地，如图2-7为北京通州某产业园区已经变成了物流仓储用地。产业用地的升级更多依赖于地方的政策引导和长远规划的实施。

2.3.2 三产助力特色存量建筑华丽转身

1）民宿、康养等公共居住类转变

民用建筑当中有很大一类是居住建筑，在存量建筑当中居住建筑也占据了相当的比例，以往居住建筑大部分的更新属于在原功能基础上的品质提升，但随着我国旅游服务业的快速发展，有特色的居住建筑可以向民宿和康养、养老类建筑进行转换。通常存量的居住建筑具有较好的地理位置，大多位于中心地段，存在的问题主要是老破小、居住品质低。这些问题不适合以家庭为主的改善型居住，但比较适合旅行者、托老托幼等需要独立小空间的居住功能，因此其适合向城市民宿、青年旅社、托老托幼服务中心等转变。

与此同时，位置相对偏远而立面特色鲜明或者周边生态较好的传统居住建筑，也很适合作为民宿和康养设施。这一方面的成功案例已经不胜枚举。如图2-8所示，用传统民居改造的山田雅舍民宿曾经获得2020年中国建筑学会的设计奖项，也是福建省住房和城乡建设厅积极推广的项目。

由于民宿建筑具有规模小、投资少的特点，且兼具实在不行还可以自住的灵活性，所以一度成为一种潮流，甚至很多原来不是居住功能的乡土建筑、工业建筑也被改造成了民宿。民宿建筑为了迎合市场，在乡土文化方面往往投入了较多的精力和物力，也引领了乡土建筑更新的方向。

2）商业、体育等公共服务类转变

城乡中遗留的有特色的历史建筑、传统建筑、乡土建筑、工业建筑、仓储建筑等都具备很好的颜值，可以借助商业、旅游业的发展实现功能上的转变。这类的成功案例很多，比如北京的首钢园、798工厂，上海的1933、外滩工业区，以工业建筑作为转型。也有一些历史居住街区更新的案例，比如北京的南锣鼓巷、上海的新天地、南京的1942等。很多壮观的工业建筑与民用功能形成了震撼的视觉效果，如图2-9所示为老电厂前的足球运动场。这些项目的成功，依托了极具特

图2-8　福州荒废的老宅改成民宿——山田雅舍
（笔者自摄，2019年）

色的保留建筑和良好的地理位置。事实上，城市更新过程中还有大量不那么著名的存量建筑需要用时间和耐心去保留、呵护，需要各方面人士提升认识，达成共识。目前人们对于这些关注度比较高、社会影响力比较大的存量建筑有了一定的保护意识，但是对于大量分散在城乡当中的、有一定价值的存量建筑，保护意识还很薄弱。因此需要进一步树立乡土价值观，对那些承载历史记忆、传承乡土文化的建筑加以保护和再利用，借助第三产业的发展，实现这些建筑的华丽转身。

3）公园、公共服务设施等公共福利类转变

在今天的城乡中心区域，减量发展是一种历史性的思考。随着社会资源的均等化、全国城乡建设水平的逐步提高。城市中心人口开始外溢，形成多中心、多服务节点的格局。"增白留绿"是当下城市更新的主题，通过对用地和环境的整理，多塑造城市公园、口袋公园（图2-10）、社区公园，为城乡生活品质的改善发挥重要的作用。

另外，将位于重点位置的存量建筑改造成公共服务设施，符合大多数人的利益，也是存量更新的最大收益项目。这种收益不体现在经济价值上，而是体现在民生和社会效益上。只有通过存量更新，逐步实现一个城市所需职能的完备、城乡服务功能的完善，才是真正属于人民的更新，无愧于历史的更新。

图2-9　昆山鑫源电厂改造的城市体育公园
（中国院项目团队绘制）

图2-10 城市角落空间改造的小公园
（笔者自摄，2017年，德化）

2.4 功能策划的基本原则及注意事项

2.4.1 不要浪费居住功能，但要警惕个体和公共的质变

居住建筑是一种精致的小空间组合，通常采用砌体、砖混或者剪力墙、框架结构，有些还配置了厨卫等辅助性空间。这些特点一方面是限制条件，一方面也形成了其他建筑不具备的优势。故此，居住类存量建筑向着公共居住类建筑更新是一种趋势：这些建筑无法满足原业主的居住诉求，却可以满足一些公共性的、特殊性的居住要求，比如酒店、宿舍、公寓等。

但是这里有个非常重要的环节，就是这些居住建筑在历史上是住宅类建筑，其公共安全性级别不高，也就是说只要满足一家人或少数人的安全等级设防即可。但是这类建筑改为公共性建筑之后，其安全等级就提升了，因为要对公共安全负责。因此，此类更新当中应该事先作好详细的评估，包括火灾风险性、疏散宽度、消防扑救难度以及是否适合特殊人群，比如无障碍设计、老年人和儿童友

好型设计等。如果确实不具备上述改造的可能性，也不可勉强，还是要选择合适
的更新方向。

2.4.2　不要浪费特色空间，但要注意前后使用性质改变

一些特殊类型的空间，在一般的建筑中并不常见。这些空间往往可以带来特
殊的视觉感受。比如工业建筑，经常有高大的特殊空间，利用这些空间创造别样
的场景是一种极具吸引力的资源。除了高大空间，其他例如筒仓、大棚、木构等
也都可以带给人一般民用建筑不具备的新鲜感（图2-11）。这些建筑和空间具有
一定的实现难度，应当在日后的改造过程中加以珍惜。但是这类空间也往往出现
在非民用建筑或者生产建筑当中，需要警惕使用性质改变带来的安全等级提升问
题，以确保使用者的安全。

2.4.3　不要浪费整体资源，但要预判难度和潜在的突变

通常具有保留价值的存量建筑会以群组的形式出现，比如工厂、住区、学
校、科研院所、机关大院等。在处理此类群组建筑时，应当注意保护群组的完整

图2-11　煤矸厂里的特色空间
（笔者自摄，2020年，昆山）

性。但是具体开发时，又可能面对不同房屋的产权纠葛、质量参差不齐、空间气
质差异等错综复杂的情况。在争取整体更新的前提下，应考虑个体差异可能带来
的情况变化，从而制定详细的开发计划。

2.5 文旅策划案例：红色记忆，长征起点

福建龙岩长汀红九军团长征出发地纪念广场位于福建省龙岩市长汀县中复村
南部（图2-12），319国道（厦成线）南侧。红九军团长征零公里纪念碑位于全
国重点文物保护单位观寿公祠门前，公祠坐东朝西，周边有夯土建筑供销社、夯
土围屋、仓库、多栋空置民居和年久失修的砖木祠堂。

图2-12 更新前的中复村
（笔者自摄，2017年）

2.5.1 松毛岭下

1934年9月，在福建长汀的松毛岭打响了红军长征前在闽的最后一战。这场战斗持续了七天七夜，山上的松树上枝枝浸满了鲜血，山脚下的村子里户户拆下了门板……在给敌人以重创之后，9月30日，红九军团在观寿公祠前面进行了万人誓师大会，于当天下午，开始了举世闻名的万里长征。

美国记者埃德加·斯诺（Edgar Snow）在《西行漫记》（*Red Star Over China*）中写道："长征从福建的最远的地方开始，一直到遥远的陕西北道路的尽头为止。"[①]松毛岭下的中复村，便是这个福建最远的地方。中复村，历史上也称钟屋村，有着上千年的历史，是国家级历史文化名村和传统村落，村中的观寿公祠是全国重点文物保护单位（图2-13），还有当时曾经作为战地医院的省级文物保护单位超坊围龙屋、红军征兵处旧址接龙桥、红军街等。这座乡村，为中国革命的发展作出了重大的贡献，但是村中很多建筑已经年久失修，尽管村庄人口众多，人居环境品质却亟待改善。

图2-13　观寿公祠前的研学团体
（向刚摄，2021年）

---

① 埃德加·斯诺. 西行漫记［M］. 北京：人民文学出版社，2017.

2.5.2 红色记忆

红色文化是这个乡村最重要的文化资源，如何通过红色文旅策划，实现区域更新、人居环境改善和乡村振兴，是其建筑存量更新的重点主题。事实上，中复村在革命教育方面已经非常有影响力，每年都有大量的团体和个人来这里参观学习，瞻仰革命先驱们战斗过的地方。但所缺者，是周边配套的不足和旅者驻留时间的短暂。由于周边缺少相应的文旅设施和服务功能，大多数参观团体基本上是到了听听看看就走，没有驻留时间，也没有给这里带来发展的契机和商业机会。

通过文旅策划，我们策划多点结合、体验丰富的研学线路，组织从入村停车场到红军桥、观寿公祠、长征零公里广场、战役纪念馆、体验馆的各种流线，实现了时长从2小时到24小时的多种体验路线，增加红色文旅的体验深度和广度，提高来此研学的青年在这里的驻留时间。同时，积极盘活沿线存量建筑，为当地提供更多的商业机会和发展可能性（图2-14）。

策划革命文化展示功能、战争场景体验功能、长征之路感悟功能，加之既

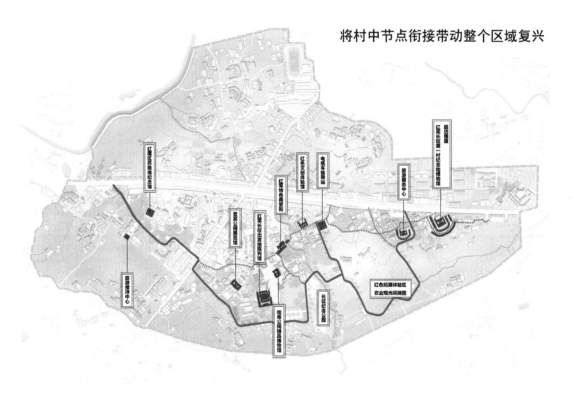

将村中节点衔接带动整个区域复兴

图2-14 以存量建筑利用为线索的路线策划
（中国院团队绘制）

有建筑的时间沧桑感，让每一个来访者充分了解这里曾经发生的一切，体验和缅怀当年革命先驱们所经历的峥嵘岁月，了解战争的残酷并且感悟今日和平的来之不易。

2.5.3 不拆一房

最初，有人提出在山脚下新建一座宏伟的纪念馆和超大尺度的广场来纪念这场战役。这个计划几乎要实施了，甚至已经拆除了一批土坯房，用以平整场地。但是，基于对现有空间的保护与延续，我们否定了这个计划，各方也很快达成了共识。经过多轮的调研与现场探勘，与当地老百姓座谈，我们决定充分利用观寿公祠周边现有的建筑来进行文旅策划，不拆一房，不损一木，不增一楼，就以观寿公祠前广场周边的供销社、围龙屋、民居、钟氏祠堂、仓库等现有建筑为基础（图2-15），进行体验式的文旅线路策划，让所有发生在松毛岭的历史事件，逐个在这些老房子里得到体现。一方面，老房子得到了保护与再利用；另一方面，这座乡村的文化与历史积淀在这些传统建筑的保护中得到了延续。

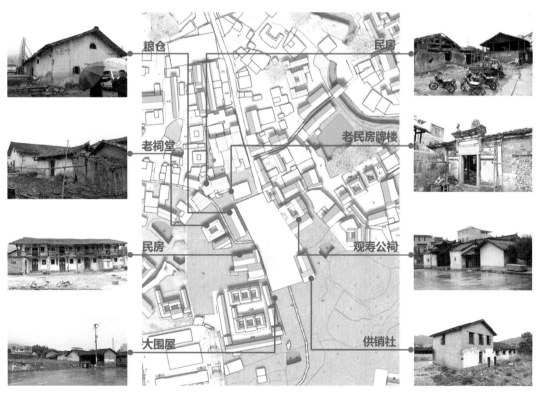

图2-15　准备再利用的存量建筑
（中国院团队绘制）

2.5.4 场景再现

　　长征是一场重大的军事转移，当时，激烈的战斗还在松毛岭上继续，显然敌人不会给红军留下充裕的时间慢慢地转移，那么这种转移一定是在紧张、匆忙、急切中完成的。因此，这个出发地的氛围应该是快速的、冲突的和激烈的。当时的红军在观寿公祠门口集结又出发，一定会留下很多凌乱的脚印（图2-16）。同时，在保持不变的巷道里（图2-17）、场地上，会有一队队的战士，奔来跑去，去完成不同的任务与出发前的准备工作。他们从外面跑进屋里，从屋里跑到户

图2-16　印满足迹的广场
（笔者自摄，2021年）

图2-17　保持不变的肌理和尺度
（笔者自摄，2021年）

图2-18　用民居还原当年的战争场景
（向刚摄，2021年）

外，有人在整理物资，有人在搬运武器，有人在背扶伤员，有人在销毁文件……

在穿梭与交织中，供销社、围屋、仓库、祠堂、民居被线性地组织到一起，呈现出集合、撤退、战斗、团结、泪别、出发等场景，这些场景成为这组建筑空间的主题（图2-18），被贯穿于展览始终。

2.5.5　老宅新用

所有保留的老房子都进行了加固和改造。离观寿公祠最近的供销社，被改造成了游客中心（图2-19），这里可以进行讲解、接待；大围屋和相邻的民居被改造成了展览馆，从对着供销社的门进入，依次步入战云密布、严阵以待、温坊大捷、浴血奋战、军民同心、挥泪告别、英雄战歌七个场景，最后进入正对观寿公祠的民居；从民居走出，进入了改造后的仓库，这里已经是多功能厅，里面用投影展示着战争的场景；走出多功能厅，一组民居和祠堂被改造成了纪念品商店、战争体验馆等；最后，离居民最近的钟氏祠堂被改造成了社区活动中心，这座原本是钟屋村祭祖的小祠堂，成了大家交流活动的地方。

所有的老房子都得到了最大限度的再利用，每一栋房子都通过精心的策划与耐心的改造成了这个广场周边重要的空间组成（图2-20）。它们曾经、现在和将来都会见证这里为中国发展作出的不懈贡献！

图2-19　供销社改造的游客服务中心
（笔者自摄，2021年）

图2-20　保留的山与更新的房
（向刚摄，2021年）

2.5.6 青松故土

为了配合整个园区的策划，所有的夯土墙都被保留下来，也有部分是新夯实的。无论是新的土，还是旧的土，都是在这里战斗过的先驱们、烈士们所熟悉的故乡的土。设计利用铁夹片、五角星的锚固件，将过去的土墙小心翼翼地保护起来。这些土或许曾经浸润过烈士的鲜血，也或许经历过那纷飞的战火。但无论如何，这些故土的存在，让人们更加缅怀那段峥嵘岁月。

为了营造庄重、静谧的氛围，在保留的夯土民居、土筑围屋之间，我们种下了一棵棵高挺的苍松（图2-21），这些松树如士兵一样排列整齐，守护着宁静的家园。这些高大笔直的松树让树下的土房显得那么宁静，仿佛这里从没有经历过血雨腥风，只有安宁与恬静，让每一棵树下的人都感受到那份来自冥冥中的眷顾与遮蔽。

2.5.7 造福于民

策划的意义不仅在于外来者的体验，同时也在于本地人居环境的改善。这些建筑品质的升级、安全性的加强、周边景观的提升，对整个区域的生活品质改善发挥了重要的作用。整个纪念园区是开放的，周边居住的人们可以到广场上散步，在建筑间穿梭。这里也刚刚好是边上小学学生回家的必经之路（图2-22）。

图2-21　青松与土房
（笔者自摄，2021年）

图2-22　过去的长征路和现在的放学路
（向刚摄，2021年）

　　每天，孩童们从这里下课回家，他们多了一个可以嬉笑玩耍、做作业等家长的地
方；老人们也多了一个可以活动、可以聊天聚会的空间。这些看似不起眼的设计
与改造，让居民们更加享受生活。他们的先辈曾经在这里战斗，为他们留下了这
一片宁静的天空，如今，通过积极正向的更新改造，他们可以更好地享受这里的
天空、花草和阳光下的每一天！

案例小结

- **慎重规划大尺度的广场**

  硬质广场不仅不利于生态，也会破坏更新区域的肌理。

- **不拆一房，按圈层对存量建筑策划**

  更新片区按照起始点开始圈层策划，逐步纳入更新板块。

- **场景再现是文旅策划的常用手法**

  文旅策划趋向于重体验、重场景、重氛围，而不是大建筑、大广场！

- **兼顾造福于民的环境提升**

  任何更新都是基于提高人居环境，提供更多的关爱生活的细节。

第 3 章

安全加固：
更新的基础

- **轻量化的围护结构是大势所趋**

  轻量化材料不仅易于当下改造，更为以后的改造提供了便利。

- **轻量化的结构体系是发展方向**

  植入轻质、安全、环保的结构体系是存量更新的探索方向。

- **水平构件的安全在于整体性的加强**

  不论是楼板还是屋架，形成良好的整体性是安全的保障。

- **提倡轻建筑理念**

  轻建筑是自重轻、干扰少、易于更换和降解的可持续建筑。

- **新乡土材料的两个发展方向**

  乡土材料的现代化，现代材料的乡土化。

既有建筑的再利用，首先需要做的就是基于安全的加固和改造。对有保留价值的建筑进行加固方案选择时，应从两个方面考虑：首先选择最适宜的、最安全的加固方式，其次是尽可能多地保留建筑的时代特征和历史信息。

从更新的角度讲，保留建筑对于城乡风貌、历史脉络最大的贡献在于肌理的延续、建筑形象的保持，因此建筑围护结构的重生和安全非常重要。

3.1 围护结构的重生

建筑围护结构构成了建筑的形象，主要包括墙体、门窗、幕墙、外装饰构件等所有区分室内外的构件，是建筑物最主要的表象，也是城乡风貌的载体。研究围护结构的加固方式是城乡建筑更新最重要的方向之一。存量建筑的围护结构存在两种情况：一种是不承重的纯围护结构，多见于框架结构和剪力墙结构等；另一种是兼作承重的围护结构，多见于砖混结构、夯土结构等。对于要保护的存量建筑，大多数情况是保留具有沧桑感的外立面，所以大多从内部进行加固，如图3-1所示为一座在内部用混凝土层加固的老房子。

围护结构中门窗、幕墙等构件易于更换，并不需要加固，那么围护结构的加固便主要指墙体的改造和加固。而墙体按照材料可以分为木墙（木板墙）、砖墙、土墙、石头墙、混凝土墙、其他砌块或板材墙体等。对于近、现代出现的混

图3-1　内部用混凝土层加固的展厅
（笔者自摄，2020年，昆山）

凝土墙和其他砌块或板材墙体，加固改造技术比较成熟，也不是存量建筑的主流，故此存量更新重点聚焦历史建筑、传统建筑、乡土建筑中量多面广的传统乡土材料，即木墙、砖墙、土墙、石墙，也就是常说的"土、木、砖、瓦、石"中除了瓦之外的四种材料。

3.1.1 量大面广的砖墙

砖是我国存量建筑中最为大量使用的墙体材料，很多看起来是白墙或水泥墙的建筑实际上也是砖墙（图3-2）。按砌筑方式分类主要有两种，一种是南方比较多见的空斗砖墙，还有一种是各地都很常见的实砌砖墙。两种砖墙的加固改造方法差异性很大，需要区别对待。

1）空斗墙的加固

空斗墙在我国南方地区的既有建筑中被大量使用，具有用料省、隔热好等优点，是用普通黏土砖与水泥混合砂浆或石灰砂浆砌筑而成，在墙中形成若干空斗。空斗墙的砌筑形式常见的有以下四类。

① 无眠空斗：即无眠砖[①]的空斗墙，全部用斗砖[②]顺丁砌成；
② 一眠一斗：即用一皮眠砖层和一皮斗砖层相隔砌成；
③ 一眠二斗：即用一皮眠砖层与二皮斗砖层相隔砌成；
④ 一眠三斗：即用一皮眠砖层与三皮斗砖层相隔砌成。

采用空斗墙砌筑可节约砖材、砂浆和人工成本，同时墙内形成的空斗间层相当于中空隔热层，大幅提高了墙体的隔热性能。我们的实际调查显示，空斗墙在江浙沪、闽粤赣等地区都有广泛的应用，不仅仅是民居，也包括一些庙宇、宿舍、住宅、办公楼等，也可用于一些工业仓储建筑的围护结构，特别是粮仓等建筑。但是空斗墙也有明显的缺陷，就是结构稳定性比较差，特别是在存量建筑当中的空斗墙，往往比较危险，加固和改造的难度也非常大。

在我国经济还不太发达的年代，尽管空斗墙结构稳定性较差，但其因便宜、省料、省工的特点受到了大家的青睐。在水乡，空斗墙能够发挥防潮隔热、自重轻的优势；在山区，空斗墙可以大幅降低运输成本，省砖省料。由于很多历史建筑、传统建筑、乡土建筑采用空斗墙加构造柱的做法，因此我们要重点关注空斗墙的加固措施。如图3-3为江西石城县历史保护建筑南庐屋。

---

① 眠砖：水平放置的砖，六个面中最大的两个面分别朝上和朝下砌筑。
② 斗砖：俗称立砌的砖，六个面中第二大的两个面分别朝上和朝下砌筑。

图3-2 表面粉刷的砖墙
（笔者自摄，2020年，德化）

图3-3 一眠一斗的空斗墙民居
（笔者自摄，2017年，石城）

（1）确立保护原则

首先要确定保护与改造的原则，比如保外墙效果还是内侧效果，外墙和内侧分别保护到什么程度，屋顶、楼板和地基的保护方案等。通常情况下是保护外墙，而内侧进行舒适性的提升。屋顶通常是落架大修，而对楼板采取加强其整体性的措施。

（2）从最薄弱的位置开始逐步加固

在实际的项目中，空斗砖墙体和构筑柱大多已经不是很清晰，共同承担了一些承重功能，而空斗墙的稳定性较差，应优先考虑空斗墙的灌浆加固。然后是预制楼板的整体性加固。最后是屋顶的落架大修，从而实现水平构架的逐级加固。

（3）基于易施工和低造价的方式选择

墙体加固时，通常可以采用钢框架加固或钢筋混凝土加固层的方式，可以依据操作空间、造价控制等条件选择适宜的方式。同时在空斗砖墙内要灌实构造柱，增强墙体的稳固性，这个过程须从下至上，逐步、逐层实施，先植筋后再灌入浆料。空斗墙加固是个需要耐心细致的技术活，成本也相对较高。

（4）去承重作用，实现结构转换

大多数情况下我们建议采用新的承重方式来改变原先逻辑不清晰的空斗墙承重方式，采用更加可靠的框架承重方式。当然较小的开间也可以通过加强短边墙体，实现类似横墙承重的承重墙体系。

2）实心砖墙加固

（1）实砌混合墙体

我国南方多空斗墙，北方则多实砌砖墙。但是砖作为人工材料，成本较高，因此砌筑过程中经常以土坯、石材混合，有些较好的石材还形成了一种新的特色（图3-4）。这些混合墙体几乎无法进行结构验算，实际的改造过程中必须进行承重结构的转换。这些混合墙体大多出现在新中国成立初期第一个三十年，相对比较穷困的时期。

实心砖墙的整体性和稳定性相对较好，加固也较空斗墙容易。通常比较简单的方法是采用圈梁构造柱的方式进行加固。要求比较高的情况下可以采用混凝土加强层和聚合物砂浆进行加固。这种方法整体性好，利于抗震，稳定性高，但是对于原有砖墙的强度和平整度有着较高要求，加固后厚度也有所增加，会占据一定的内部使用面积。

（2）实心砖砌墙体

实砌砖墙有两种：一种是历史上大户人家用的高品质黏土砖墙，多为青砖、古砖；另一种使用比较多的是改革开放后的红砖墙，20世纪80年代开始，由于快速建设的需要，中国大地上出现了一大批砖窑，属于从国外引入的霍夫曼窑[①]，也成为轮窑或者环窑。这种窑生产效率高、建造成本低、技术要求低，一时间，我国农村不论大江南北、西北塞外，这种砖窑比比皆是。但是由于缺乏有效的质量保障，这一时期生产的红砖品质也比较差，建成后缺角和风化问题都比较严重。这些砖建筑大多出现在前文所述的第二个"三十年"，即改革开放后时期的建筑。如图3-5所示为1982年建成的昆山淀西砖瓦二厂，在停工十年后于2016年由中国建筑设计研究院设计改造为祝家甸砖窑文化馆。

图3-4 材料丰富的实砌混合墙体
（笔者自摄，2020年，北京）

图3-5 一座经改造再利用的霍夫曼窑
（蒋彦之摄，2018年，昆山）

---

① 1867年由德国人霍夫曼首创的一种连续式焙烧窑炉。

尽管如此，由于全部用砖砌筑，其规格保持了较好的一致性，相比混合砖墙整体性更好。此类砖墙大多采取圈梁构造柱加固即可，有条件的也可以采用混凝土加强层的方式加固。除此之外，针对砖墙的特点，还可以采用聚合物砂浆进行加固。这种方法对施工工艺要求较高，但成本相对比较低，可靠性相对不高，适合要求不高或者原本墙体质量较好的墙体加固。

3.1.2 含泪待拆的土墙

土是一种到处都有、随处可取的建筑材料。农耕文明的中国对土有着特殊的情感。除了种粮食，盖房子也非常依赖土，包括前面说的砖墙，实际上也是用土烧制而成的。砖用的土是烧制过的，所以可以算是熟土；那么，未经烧制的土便被称为生土，其建成物也称为生土建筑。在中国历史上，建筑工程也叫土木工程，可见土在建筑领域的重要地位。

我国生土建筑分布广阔，几乎各地都有。其中比较具备代表性的是以陕西、山西、甘肃为代表的北方地区生土建筑，如窑洞、土坯房等，以及以福建、浙江、江西为代表南方生土建筑，如土楼（图3-6）、围龙屋等。土墙的耐久性不是很好，符合代居的中国建筑观。特别是近、现代砌筑的土墙，受到经济条件的限制，土墙质量也相对较差，开裂、坍塌情况较多，危房多，所以拆掉代表贫穷落后的土墙一度成为一种运动……大量的土坯房在完成了历史使命后被拆毁，其中不乏一些中国乡土建筑的智慧结晶。

除了西北地区的窑洞是以开凿的方式建造，其他生土建筑都以土质墙体的形

图3-6 一座将要塌陷的土楼
（笔者自摄，2014年，漳州）

式出现。我国土质墙体主要有两种形式：一种是采用夯土的方式逐层夯实的土墙；另一种是将土加工成土坯砖，然后像砖一样砌筑成的墙体。两种形式在加固上还是有所区别的。

1）夯土墙的加固

夯土墙的抗压性能比较好，可以直接作为承重使用，同时墙体保温性能好，取材方便，施工简单，整体性比较好。但也正是因为整体性强，其破坏经常是以整体开裂或倾斜的方式，加固难度也往往比较大。

对于夯土墙的加固首先要控制其倾倒，由于风化、侵蚀和雨水冲刷主要来自墙体外部，因此外倾的情况比较常见，控制的方法包括用金属锚件拉接、增加扶壁柱、增加金属墙揽、挂网水泥砂浆加强层等。

夯土墙在长期使用后往往会产生通缝和外倾的现象，比较危险，应当先对其进行修补或调直，消除隐患后再逐步、依次进行基础加固、墙体加固和压顶加固。如图3-7中所示土墙，墙体有五角星锚固件拉直，局部修补，角部进行了钢箍加强，顶部做了压顶。

2）土坯砖墙加固

土坯砖墙是一种民间自制的砌体结构，建造方式类似实砌砖墙，相比逐层夯土墙整体性差，品质不均匀，稳定性也比较差，安全隐患问题更加突出。

此类房屋的加固与实砌砖墙比较相似，也可以采用增加圈梁构造柱的方式进行加固，经济允许的条件下可以采用金属挂网水泥砂浆加强层的方式加固。由于这种建造方式类似于砌体，同时历史上的土坯砖良莠不齐，风化程度也不相同，所以可以视其质量进行部分土坯砖的部分替换或砂浆灌注。这种方法比较适合土坯质量比较好、风化不严重的土坯墙体（图3-8）。

图3-7 加了圈梁和锚固件的夯土墙
（笔者自摄，2020年，长汀）

图3-8 土坯砖修补及加固
（施工方摄，2019年，赣州）

3）基础的加固

不论是夯土墙，还是土坯砖墙，由于墙体以土为主，为了阻挡地面的潮气，一般都需要做较高的墙基。墙基一般用石材或砖砌筑，保护和加固好土墙的基础非常重要，只有基础稳定，才能实现墙体的稳定。由于土墙自身重量比较大，在门窗洞口和端部角部容易出现不均匀沉降引起的塌陷和裂缝，因此在加固时需要对这些特殊部位重点关注。

基础的加固方法一般同砌体的加固方式，主要通过增加钢筋网片、浇筑辅助的桩柱和灌注水泥砂浆等方式加固。

除了加固之外，基础周边的地表水引流也很重要。如果基础经常受到冲击，很容易引起墙体根部的碱蚀和水土流失，从而造成根部的破坏。通常土墙根部要有人工砌筑的排水沟等构造措施，如图3-9所示的土坯墙，基础用毛石砌筑，地面上设置了充足的保护散水与排水措施。

4）墙体及顶部的勘固

土墙最关键的设防位置在于顶部，一旦顶部接触雨水，就很容易出现开裂和侵蚀，所以土墙的压顶具有勘固顶端和防水保护的双重作用。夯土墙顶部如果没有拉结，便很容易破坏，民间多采取山墙搁檩的方式进行勘固。

传统的夯土墙多用于承重，整体性比较强。在存量建筑修缮过程中，整修屋顶、局部改造通常会降低其整体性，因此常采用植入框架体系来取代原来的墙承

图3-9　夯土墙底部的毛石基础和排水沟
（向刚摄，2020年，长汀）

重方式，置入钢结构框架、混凝土框架或木框架。新框架与墙体通过支撑、捆绑、拉结、锚固的方式，增强墙体的稳定性和安全性。

在墙体开裂的地方，可以选择环氧树脂、结构胶、水玻璃等胶粘剂进行局部的修补。

3.1.3 爱莫能助的石墙

石头是一种十分常见的传统乡土材料，多见于山区、河边、海岛。常见的石头墙有两种类型，一种是天然石头堆砌的石头墙，一种是经过打磨的、相对标准的砌筑石头墙。前者主要是用于低矮的民居，比如福建的石头厝（图3-10）、贵州的屯堡等，华北地区的山区也有大量的石头民居。天然未经雕饰的石头墙自然清新、色彩丰富，非常漂亮，但其稳定性比较差，质量不均匀，一般最多只有一层，也常常用于建筑的墙基部分。另一种是加工过的石材，形状和质量有一定的保证，采取实砌砖墙的砌筑方式。这种石墙质量比较好，可以用于多层和比较大体量的建筑。由于天然石材自重比较大，质量不均衡，所以在抗震能力上不太可靠，加固起来难度也比较大。

1）内撑加固

内撑加固是在石头墙内部采用密集框架或筒体在内部进行支撑加固的方式，只能用于较小体量的石头墙加固。加固前要对墙体的稳定性进行充分的保护和支

图3-10 平潭的石头厝
（笔者自摄，2021年）

撑，施工难度大，内部空间也会进一步压缩。框架或内筒稳定后要与墙体进行一定的拉结，以确保其稳定性。

2）重构加固

由于石头相对砖和土而言单个砌块的整体性和质量较好，对于石材建筑也可以用编号然后拆除重新砌筑的方式加固。在进行重新砌筑时，增加钢筋网片、现代砌筑粘结剂等加强措施提高墙体的稳定性。

3.1.4 无力回天的木墙

在中国的建设史上，木材有着辉煌的、如日中天的时代，一直到新中国成立以后的三十年，木材依旧被大量地使用。木墙或木板墙大多存在于木框架结构当中。木墙不需要加固，由于其不作为承重墙体，木板墙出现损坏或出现问题直接进行替换即可（图3-11）。但是简单的木墙已经很难满足现在的保温、气密和隔声要求，所以需要进行一定程度的品质提升。我国传统建筑使用的木墙主要有单板木墙、混合木墙和夹板木墙。由于生态保护、技术实施、防火防潮等多方面的原因，木材已经淡出土建市场，大多只能用于装饰装修和室内设计。

1）单板木墙提升

单板木墙就是只有一层木板的墙体，通过木龙骨固定木单板作为围护结构，多

图3-11 民居中的新旧交替的木板墙
（笔者自摄，2018年，黄山）

用于纯木结构当中，方便与木柱、木梁连接，主要分布在南方比较炎热、保温要求不高的地区。比如南方少数民族的干阑建筑，福建、广东山区的一些简易民居等。

木单板墙体非常简易，性能也很差，不隔声、不隔热，也没有气密性可言。对于木单板墙体，可以将其改造成夹板墙体，或者背衬其他轻质墙体。改造成夹板墙体比较简单，通常在双层木板之间填充保温材料。传统的填充材料主要是草泥等，现代材料可以使用岩棉、玻璃棉等。

2）混合木墙提升

混合木墙主要是先搭建木框架，然后在木框架之间嵌入芦苇、竹皮等编制材料，再用草泥或灰泥抹面。这种墙体比单板木墙气密性要好很多，隔声和隔热性能只能说略强一点，没有本质区别。因此这种混合木墙提升的方式与单板墙差不多，主要是通过增加夹层或背衬其他轻质墙体的方式进行改善。

3）夹板木墙提升

夹板木墙物理性能较前两种木墙要好很多，改善的方式主要是替换，可以替换内外木板，也可以替换夹心层。如果仍然不满意，也可以继续加厚夹层或背衬其他轻质墙体。夹层材料还可以采用防火等级较高的岩棉等，从而改善木板耐火性能的不足。但木板墙的耐水能力有限，因此需要在改善保温性能的同时选用憎水的材料。如图3-12所示为昆山西浜村昆曲学社的木夹板墙，内部填充为岩棉。

图3-12 西浜村昆曲学社的木夹板墙
（笔者自摄，2017年，昆山）

3.1.5　轻量化墙体的意义

木墙几乎不需要加固，可以轻易地替换。而砖墙、土墙、石墙依次加固难度越来越大，可见墙体轻量化对于日后更新改造的重要意义。传统的木构建筑轻量灵活，但不耐久；传统的石砌建筑耐久，但是墙体一旦变形，几乎无法加固。如何创造既轻量化又耐久的材料，是我们今天面对存量更新不得不思考的问题。

3.2　承重体系的移植

对存量建筑的结构体系进行置换，终结过去不可靠的承重构件，置入全新稳定的承重结构，使其安全稳定、逻辑清晰，是建筑改造中经常使用的策略。这个策略不仅可靠，同时也能给设计改造带来更大的自由度。

3.2.1　框架结构的转换

框架建筑是当今建设工程中被广泛应用的一种结构，其主要优点是：空间分隔灵活，自重轻，节省材料，空间布置灵活。这些特性非常符合当代生活对建筑空间的诉求。我国使用框架结构具有悠久的历史，古代木结构便是框架结构。但在近现代，受到经济因素、资源因素的影响，大量的存量建筑实际上多为墙承重体系，或者墙柱混合承重，也就是前面提到的围护结构与承重结构混合不清，是否够用也多依赖于感性认识与经验的判断。

在大部分改造项目中，结构体系转换一般是从不清晰的结构体系转换为逻辑清晰的结构体系，而植入框架体系施工难度低，位置也相对灵活，在实际项目中大量应用，主要类型包括植入混凝泥土框架、钢结构框架、木结构框架和砖柱替换等。其中：混凝土框架和易性好，可塑性强，成本低；钢框架施工简单，比较灵活，调整余地大，造价略高；木柱具备和钢柱相似的优点，缺点是耐久性和防火防腐性能差，大多用于木构建筑或夯土建筑的加固改造；砖柱替换主要是通过加砖垛、用砖柱替换原承重柱的方法，施工简单，但是稳定性较差，适合原来为砖砌或砖混结构、比较低矮、安全等级不是很高的建筑。

1）植入混凝土框架

砌体结构、砖混结构和夯土结构长时间受重力压迫通常稳定性差，失去与楼板、屋面的相互拉接很难保证其自身的结构安全。通常的做法是通过开凿马牙槎内部灌实混凝土，植入钢筋，加强其与加固层的整体性等方法，将原本单纯的夯土墙或者砖混结构支撑体系转换为混凝土框架支撑体系。

当然在实际工程项目中，因为加层或只保留墙体等特殊需要，也还是可以在对原有承重墙完成基本加固，保证其自身结构稳定性的前提下，在墙体内侧利用混凝土框架结构等新的支撑体系进行转换。新的结构支撑体系基础需要对保留墙体基础留出足够的避让距离。在很多项目中都可以考虑将新支撑体系的基础与砖墙基础的加固相结合，形成共用的整体基础。

2）植入钢结构框架

钢结构框架具备很好的独立性，施工简单，湿作业少，是很常用的手段，缺点就是造价略高。植入钢结构框架之后，形成钢结构屋架，然后配合新型的板材、瓦面或金属屋面形成轻质屋顶（图3-13）。整个加固体系比较轻巧，拆装方便，以后改造也方便，是一种符合轻建筑理念的策略，也是最受推崇的方式，在经济条件允许的情况下，应优先采取钢结构替换的方式。

钢结构框架的构件可以在工厂预制完成，成品精度高，生产效率高。运送到

图3-13　实际工程植入钢框架体系
（笔者自摄，2017年，昆山）

工地以后拼装速度快、工期短，对施工现场保留的墙体影响小，不会对其造成二次破坏，能有效保护原有墙体，也符合低碳环保的要求。

3）植入木框架

木框架具备钢框架的大部分优点，不足在于耐久性、耐火性和个体品质的差异性。但如果原来的建筑是木结构、1～2层的夯土房子，木框架就有了一定的优势。木框架是中国传统的建造工艺，但因为结构计算方法、消防安全审查等各方面的现实问题，在应用中受到越来越多的局限（图3-14）。

4）部分砖柱替换

用砖柱替换原有承重结构是一种比较经济、施工简便的方法，特别是在原来就是砖砌筑的建筑中，可以采用放大砖基础和加垛的方式来提升结构框架的安全性（图3-15）。但由于砖柱本身受砌体建筑条件限制，砖柱加固仅限于层数较低、抗震设防级别较低的项目。对于抗震要求高、3层及以上的存量建筑，建议采用整体性更好、安全度更高，当然造价也相对更高的混凝土框架或钢结构框架体系进行置换。

图3-14 实际工程植入木框架体系
（笔者自摄，2018年，福州）

图3-15　实际工程角部砖柱替换
（笔者自摄，2019年，福州）

3.2.2　安全核结构植入

除了框架结构，还有一种安全核的设计理念，即以一个内置安全核来确保使用者的安全，我们称之为内置结构安全核的策略。特别是在一些结构复杂、搭建混乱的建筑中，通过植入结构刚度较好、整体性良好的内部结构体，可以简单地实现内部空间的安全稳定。安全核可以是单核植入，也可以尝试多核植入。

1）单安全核植入

在建筑面积不大、内部承重体系不复杂的情况下，可将安全核整体或一次性植入建筑内部。如图3-16所示为安徽绩溪韶光艺廊的钢框架植入，这个过程通常需要将顶部拆除，落架大修。材料上主要是混凝土整体浇筑，形成稳定的墙、屋顶和地面整体。另一种是依靠完整的钢框架体系，包含屋顶框架甚至地面的整体构造，植入建筑内部。不论哪种材料，植入核体对承载地面都有比较高的要求，在地面沉降较大、地基不稳定的地方不能采用这种方式转换。

2）多安全核植入

面积比较大、结构复杂的情况下考虑植入多个安全核。多个安全核植入需要

考虑安全核之间的不同受力情况和沉降，因此多核植入难度更大，顶部需要拆除
或局部保留。多安全核植入建议安全核尽量大小相等，结构自重相似，分布尽量
均匀，适当采取基础加固，以避免不均匀沉降带来的二次建筑破坏。如图3-17
所示是江苏昆山祝家甸砖窑文化馆，采用了三个相同的安全核植入的方式。

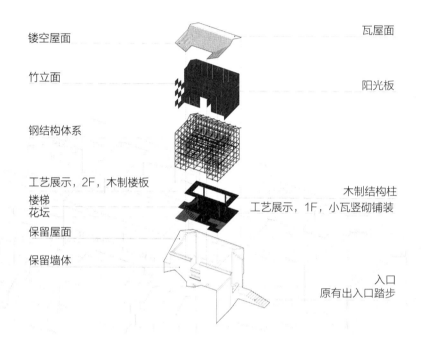

镂空屋面　　　　　　　　　　　　　　　　　　　　　瓦屋面

竹立面　　　　　　　　　　　　　　　　　　　　　　阳光板

钢结构体系

工艺展示，2F，木制楼板　　　　　　　　　　　　　木制结构柱
楼梯　　　　　　　　　　　　　　　　　　　　　工艺展示，1F，小瓦竖砌铺装
花坛
保留屋面

保留墙体
　　　　　　　　　　　　　　　　　　　　　　　　入口
　　　　　　　　　　　　　　　　　　　　　　　　原有出入口踏步

图3-16　单个安全核植入实验
（中国院团队设计，绩溪）

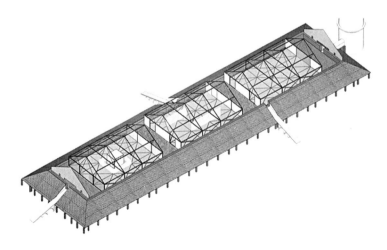

图3-17　多个安全核植入实验
（中国院团队设计，昆山）

3.2.3　轻量化结构转换的意义

无论是框架还是核体，在存量建筑中采取轻量化的结构体系都是可持续的理念。钢框架、钢结构核体可以实现与原体脱离，可以实现局部装配式，提供了非常重要的"可逆性"，为以后的存量更新提供了长远的准备。而且在不远的将来我们还可能用更加环保、生态、稳定的材料来代替钢结构，比如竹钢、碳纤维、各种合金材料的框架或者核体。电子产品、汽车等工业设计不断地朝着轻量化发展，引领着科技发展的方向，那么建筑的轻量化、改造方式的轻量化也必将是大势所趋，进而真正地实现人类对世界的轻介入、轻干扰、轻影响和轻破坏。

3.3　水平构件的加强

建筑的水平构件承载了人类全部的室内活动，其安全要求不言而喻。建筑的水平构件主要包括地面、楼面和屋面，以及承载这些平面的梁。对于改造项目，地面大多不存在安全隐患，如果有沉降或者开裂，重新敷设即可。对安全影响大的主要是楼面和屋面。其中平屋面基本上和楼面是一样的，只是面层做法和荷载上的差别，而存量建筑中大量采用的坡屋面需要我们认真地研究梳理。

3.3.1　楼板加固

地震灾害让人们意识到楼板整体性的重要，加强楼板、屋面板的整体性是建筑更新中的重要工作。通常整体现浇的楼板整体性比较好，在抗震过程中发挥了重要作用。存量建筑中常常有预制板，这种楼板危险性比较大，需要在底部粘结碳纤维布进行加固，同时，应当尽量把加固墙体的钢筋插入预制板的缝隙中，以加强对楼板的支撑。不论是预制板还是现浇板，最容易破坏的位置在板的四周与墙体交接的位置，通常可以在板下四周用角钢进行加固修缮。图3-18为楼面底面的加固及四边钢结构加固。

3.3.2　整体屋架

我国存在大量的坡屋顶存量建筑，在过去的两个"三十年"，由于低成本快速建设，坡屋顶经常被采用。坡屋顶成本低、施工易、防水好、隔热好、省混凝土，因此在大量的历史建筑、传统建筑和乡土建筑中被采用。其内部一般采用整体屋架，其中最为常见的就是木屋架、金属屋架或者钢木混合屋架。

图3-18　楼板加固
（笔者自摄，2017年，昆山）

1）传统木结构

传统建筑中，木屋架是广泛采取的一种屋顶形式。目前针对传统工艺，如抬梁式和穿斗式，在计算过程中可以将其视为一个整体，进行一些计算复核。目前传统木构架修缮基本上以恢复原状为主，使其通过文保部门的审批和验收。但其本身的性质是文物，而无法真正地具备使用功能，这为后续使用及维护造成了一定的困难。

建筑与文物的概念是有所不同的，建筑要在使用中才能得到维护与发展，而文物则更加强调其历史文化价值，往往不能使用。当建筑作为文物时，就需要判断怎样的使用不破坏其文物价值，怎样的使用才能够有助于其保护与传承。

2）广泛的桁架

除了传统的木构，存量建筑中采用最多的屋架体系为桁架结构，其中大部分为木桁架、钢木混合桁架和钢桁架，而钢桁架大部分为比较差的轻钢桁架。一般进深小的居住建筑多为木桁架，进深较大的多为钢桁架或者混合桁架，也经常为了节约造价采用钢筋、钢丝代替受拉的杆件。除了进深不同，木桁架多出现在资源匮乏的第一个"三十年"（20世纪50~80年代），而钢桁架或者钢木混合桁架多出现在第二个"三十年"（20世纪90年代~21世纪10年代）。由于当时采取"多快好省"的设计理念，这些桁架大多不满足现行计算规范，特别是将其改造为具有公共属性的民用建筑时。

对于没有拉筋或者拉杆的纯木结构桁架，如果木材质量较好，没有明显的开

图3-19　木屋架加固
（笔者自摄，2021年，安顺）

裂、通缝、腐蚀，同时各个部分截面比较均匀，可以利用钢箍进行加固或者局部替换不满足受力需要的构件，如图3-19所示的贵州安顺东府仓的木梁加固。

对于钢构件，尽管其比木构件质量稳定，但在实际的存量建筑当中，钢构件的存量建筑一般时间上晚于木构件建筑，多为第二个"三十年"的建设成果。其往往为了节约用钢，简化了很多，防腐、耐火处理不足，所以质量往往还不如第一个"三十年"里常用的木桁架。对于钢桁架和混合桁架，通常只能全部替换，为了保持原有的室内效果，可以通过加大主桁架受力的方式保证其他不与屋面板接触的构件保持原有的纤细效果。

3.4 轻建筑及轻量化加固改造探索

在研究存量建筑更新的过程中，我们不难发现轻量化建筑在城乡更新中的优势与发展前景：首先，围护结构轻，则易于日后的修缮和更换；其次，承重体系轻，则易于植入和后续更新的过程；最后，轻量化的设计为降低施工难度、方便运输、降低日后的降解成本提供了前提。

3.4.1 轻建筑与中国人的价值观

轻建筑是植根于中国人内心的，与西方的石材建筑、高大的教堂不同，历史

图3-20　轻钢架民宿设计
（笔者自摄，2017年，昆山）

上中国的建筑都是轻建筑。中国文人喜欢叫自己的房子为草堂、陋室，中国百姓喜欢叫自己的房子为茅庐、寒舍。这些带有自谦的说法在一定程度上也反映了中国人对建筑的内心认知：能够遮风挡雨，简单地融入自然，顺应自然，实现天人合一。故此，中国人使用木头、茅草、竹子、草泥来建造房屋，石头和砖这些厚重的材料大多用于基础和基座，主要是为了稳固和防潮。

中国历代的更新都是建立在建筑的自然更迭上，轻量化的木构建筑易于改造和拆建，有钱便在院子里盖新房，没钱就修缮一下老房，原本不需要大量的更新。传统的材料和建造技术相对于今天不适应的关键在于安全性和耐久性。而以混凝土材料为代表的现代建材，虽然有很好的安全性和更长的耐久性，但却过于厚重，而且将来不太可能通过降解的方式重返大自然。所以研究轻量而又耐久、环保而又安全的材料才是未来的发展趋势。在目前的情况下，金属材料相对而言兼顾了这些要求，特别是轻钢系统的应用，如图3-20所示的江苏昆山祝家甸原舍的轻钢骨架。

3.4.2　轻建筑与建筑技术的发展

轻建筑与低碳建筑、绿色建筑、装配式建筑等建筑技术发展方向是一致的。首先，轻建筑采用轻钢、碳纤维等环保材料，尽量减少湿作业，降低混凝土生产和施工对环境的扰动，减少碳排放，利用装配式技术降低安装及后期改造的难度，增加改造的可逆性，减少日后拆改产生的建筑垃圾，实现全过程的低排放与环境友好。

同样受东方文化熏陶的日本建筑师在轻建筑方面作了很多研究。日本作为岛国，资源有限，地震多发，轻建筑在日本的抗灾和环境保护方面发挥了重要的作用。很多著名的、获得过普利策奖[①]的日本建筑师都在轻建筑方面作了重要的探索，包括研究纸建筑的坂茂[②]、擅长木建筑的隈研吾[③]、喜欢轻钢建筑的妹岛和世[④]，他们的作品精细，注重细节，同时非常注重轻量化材料的运用，取得了广泛的国际好评。

3.4.3 轻建筑与当代新乡土材料

轻建筑对乡土材料的与时俱进提出了明确的要求。有些乡土材料，比如木材、竹子，本身就是轻建筑的重要材料。而保持原来乡土特征的新建筑材料就构成了当代的新乡土材料，比如竹钢、金属瓦、轻质砖等，这些材料可以保持传统工艺和构造逻辑的延续性。中国传统乡土材料的发展主要包括两个方向：一个是乡土材料的现代化，一个是现代材料的乡土化。前者包括土木砖瓦石向着定量、定性的方向改良，增加其稳定性与耐久性；后者则是用现代材料去延续土、木、砖、瓦、石的工艺、构造、质地和文化内涵。如图3-21所示的竹木、金砖就属于传统材料改良，提升其耐久性和质量；而金属瓦、竹纤维板则属于现代材料的替代。

---

① 普利策建筑奖（Pritzker Prize）是凯越（Hyatt）基金会于1979年所设立的建筑专业奖项，有"建筑诺贝尔奖"之称。每年颁发给一位或者一组在世界范围内取得卓著成就的建筑师。第一届普利策建筑奖得主为美国著名建筑师和评论家菲利普·约翰逊，著名建筑理论家埃森曼称他为美国建筑界的"教父"。
② 坂茂（Shigeru Ban），1957年出生于日本，1977~1980年就读于美国南加州建筑学院，1980~1982年就读于美国库柏联盟建筑学院，2013年获得普利策建筑奖。坂茂以擅长使用纸建筑闻名世界，强调建筑师的社会责任和环保意识，利用硬纸管、竹子、泥砖和橡胶树等可再生、环保材料建造建筑。
③ 隈研吾（Kengo Kuma），1954年出生于日本神奈川，1979年硕士毕业于东京大学建筑系，1985年赴纽约哥伦比亚大学进修，第二年回国。2002获得自然木造建筑精神奖。他提出"负建筑""让建筑消失"等设计理念，擅长使用木材、竹子、泥砖等自然建筑材料。
④ 妹岛和世（Kazuyo Sejima），1956年出生于日本茨城县，与建筑师西泽立卫共同创立SANAA事务所，并于2010年共同获得普利策建筑奖。她的作品轻巧、飘逸、细腻、精致，擅长使用轻巧的细柱子，制造出漂浮、透明的感觉。

图3-21 采用金属瓦、竹、木等材料改造的昆曲学社
（蒋彦之摄，2016年，昆山）

3.5 加固改造案例：起承转合，东府粮仓

贵州安顺市历史文化街区东府仓改造项目所在的安顺历史文化街区位于贵州安顺市文庙历史文化片区内，是儒林路老街北侧重要的门户位置。整个历史街区约计35万平方米，是安顺老城的缩影。东府仓又称三台湾粮仓，西北临贯城河，西南临儒林路，东南向分别临蔡衙街和簧学坝路，如图3-22所示位置。

3.5.1 八栋粮仓

场地内有八栋老粮仓，其中一座顶部曾因失火导致屋顶烧毁，其余保存状况较好。这些粮仓属于近现代建筑，与周边明清时期的儒林路老街并不相同，所以也有专家认为应将其拆除，将整个片区恢复明清风貌。这显然是没有意义的，因为历史就是历史，发展就是发展，任何所谓"倒回过去"的做法都不可能是真正地实现过去。这些粮仓在需要它们的历史时期出现了，为这座城市乃至整个国家作出了贡献，它们同样基于当时的乡土技艺建造，所以应保留这些粮仓（图3-23），让其在更新中重生，继续见证我们下一个伟大的更新时代。

图3-22　东府仓的地理区位
（中国院团队绘制）

图3-23　历史文化街区里的粮仓
（向刚摄，2017年）

3.5.2 功能转合

那么，留下这些粮仓，成就这些特殊的空间形态，就需要准确的策划。整个历史街区的其他部分都是民居形式，所以没有大空间，而这八栋粮仓刚好弥补了该片区大空间和连续空间的不足。因此，我们将最近的两栋粮仓合并，作为多功能厅或报告厅，提供了会议集散功能，然后将紧连着的两栋作为酒店客房和早餐厅，共同组成了一个集住宿、会议、餐饮于一体的综合服务群。另外，靠近主入口的一栋改造成展厅，用以接待游客并使其快速了解儒林老街。与展厅相邻的一栋将外墙拆除，仅留下框架，因为这栋刚好横在河边，阻隔了酒店和其他片区与滨水空间的互动。同时植入咖啡厅，作为花园中最舒适的存在。至于那栋已经烧毁屋顶的粮仓，重建似乎失去了意义，不如就让人们记得那场大火，于是将这里改造成了一座小花园，也符合了减量留绿的发展观。这组仓库群被定义为北入口服务区，承担历史文化街区北口的社区服务、休闲娱乐、住宿体验功能，用以提高文化街区的社区品质及接待能力。更重要的是：八栋粮仓保持了原有街区的肌理，实现了一个片区的历史信息的延续与完整（图3-24）。

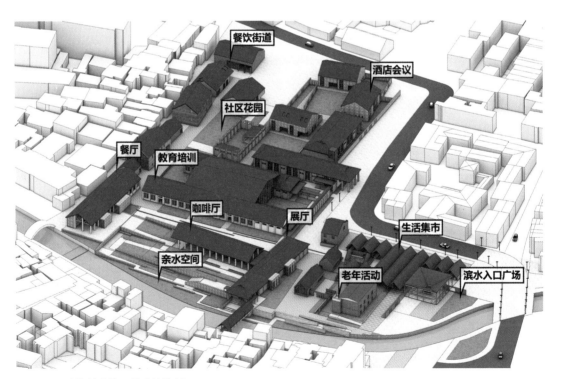

图3-24 八栋粮仓片区的功能策划
（中国院团队绘制）

3.5.3 八仓六艺

八栋粮仓被赋予了六种功能——展厅、咖啡、餐饮、会议、酒店、花园，同时也分别采取了六种改造方法——保持、重构、扩展、合并、拆解、留白。

对于展厅，粮仓很好地提供了线性连续的大空间，因此，只需对粮仓进行加固修缮，完善内部使用空间，增加采光即可。另外增加了入口和等候空间，方便同行游客因参观时长不同而发生的相互等待（图3-25）。

对于咖啡，粮仓略显封闭，且封闭空间过大，没有层次。所以对粮仓进行了重构，增加开敞空间、看水空间，创造柱廊，营造空间的变化层次，形成室内、半室外、室外的空间过渡，提供适宜的发呆环境（图3-26）。

对于餐饮，既需要大堂、接待等大空间，也需要包房等小空间。故将其进行了一定程度的扩展，增加特异的小空间。另外餐饮需要厨房，需要良好的营商氛围，所以靠近外围策划小食街，扩展空间充裕。

对于会议，需要内向的大空间，因此将两栋相邻的粮仓合并，利用中间的院落营造大空间。新增大空间若隐若现于老粮仓之间，在提供新的功能的同时也没有对周边的肌理造成影响。

图3-25 改造成展厅的粮仓
（向刚摄，2021年）

图3-26　老粮仓里植入的现代咖啡厅
（笔者自摄，2020年）

对于酒店，需要分隔成小空间，粮仓的高度又比较适合做2层酒店，所以采用了更加有特色的loft客房。将粮仓内部拆解成一间间的客房，强化了粮仓酒店的趣味性，人们在loft内可以感受粮仓的地面、墙壁和屋顶。

对于花园，采用了我们提倡的减量处理方式。原本已经烧毁的粮仓索性只保留残墙，内部设计成公共小花园。为高密度的老城区提供了可以透口气的公共空间，提升了整个片区的空间品质。

原本几乎一模一样的八栋粮仓，因为位置不同、关系不同、损坏程度不同，采取了六种改造方式和六种功能，体现出在存量更新中设计师需要区别对待，细致分析，不同应对，不可简单地一概而论，更不能粗暴地大拆大建。

3.5.4　砖木重生

八栋粮仓基本上都是砖木混合结构。根据之间的距离远近关系、功能策划情况，将能够保留木构的建筑定义成三级防火建筑，无法保留的定义成一、二级防火建筑，并将原屋架置换为可以达到一级防火的钢屋架。这样，省下来的木头可以用来替换木结构中已经损坏和腐蚀的木料；然后再对老木头进行加固和节点勘固，从而使其重新发挥支撑作用。

尽管采用了砖结构墙体，但为了提高水密性和气密性，粮仓大部分采用了外面抹灰加黄色涂料的做法，所以砖构造在外表并不能看出来。为了纪念粮仓的老砖，在拆除外墙的咖啡厅中，我们用老砖砌筑了柱子。这些各种各样、色彩斑斓的老砖（图3-27），像一座座丰碑，记录了砖对八栋粮仓的历史贡献。

图3-27　用老砖修复砌筑的砖柱
（笔者自摄，2020年）

3.5.5　水岸园林

每一次更新，都是对周边区域环境品质的提升。东府仓片区也不例外，通过八栋粮仓的环境整治，我们试图建立场地与贯城河之间的地表水组织秩序。通过台地与不同的植物设置，实现场地内地表水到贯城河水之间的收集与净化，当然，与此同时也改善了八栋粮仓之间的景观环境。

八栋粮仓之间形成一个轻松简洁的现代园林（图3-28），在线性的水流方向与空间组织当中，置入了座椅、花池，让人们可以享受其中。跨河的小桥、打开的驳岸空间，让人们可以享受水岸，感受水系对一座老城区的滋养。

3.5.6　开放包容

八栋粮仓，两栋增加，两栋不变，两栋拆减，两栋合并，实现了不同的改造模式。紧处愈紧，松处愈松，目的是让人们觉得原本开放的地方越来越开放了，原本紧致的地方越来越包容了。开放的地方提供了更多的公共空间、城市客厅，收紧的地方提供了更多的功能需求、服务职能。如今，周边社区的人们可以更加方便地体验这里的开放空间，沉浸在花园粮仓之间；原本"闲人免进"的粮库区域成为一座开放的、多功能的城市公园，而远道而来的客人们可以走进这些粮仓（图3-29），感受一座城市的历史和不断更新发展的态度。

图3-28　逐步降低到河边的园林设计
（笔者自摄，2020年）

图3-29　改造好的粮仓园区
（向刚摄，2021年）

3.5.7　时代印记

在整个文化街区的修缮过程中，我们试图保护每个时期的建筑，包括新中国成立初期的粮仓，改革开放后的单元楼、住宅、菜市场……但是这个过程很难。经常还不及设计结束，楼已经拆迁了。当然，可以理解社会各个层面迫切过上好日子的心理，人们也默默接受了这样的结果，但是从城市发展的角度看，每一个时期的建筑都是这个城市发展历史上不可磨灭的一笔。老城区像是一个城市发展的缩影，记录了各个时代的建筑，或许有些时代的建筑并不美丽，但也是我们需要面对的历史，那些不美的建筑其实可以通过改造更新获得新生，变得符合人们生活的需要，变得更加美丽、有格调，同时也留下那个时代的记忆，这才是一座人民的城市正确的选择！

案例小结

- **任何一个时代的建筑都有其历史价值**
  就像我们不能评价某时代的人不好看一样，也不能这样评价建筑。
- **回到某个时期的建筑风格是没有意义的**
  历史的终归过去，发展的终归向前，不要企图"倒回过去"……
- **紧处越紧，松处越松**
  原本放松的地方不宜增加，原本密度高的地方反而可以尝试增容。
- **存量更新的意义在于开放、包容**
  原本是"闲人免进"的工业区、单位、粮库，更新使其融入生活，变成城市的公共空间，更新的价值在于增加公有和共享空间，提高整体舒适度。

第 4 章

品质提升:
存量的新生

- **舒适度提升重点在于室内视听触界面的提升**

  关注人的感知上的处理,可以让改造过程事半功倍。

- **功能反差的创新与积极探索**

  存量更新的出发点固然在于保护,但真正的创造在于当下的生活。

- **物理品质提升的关键在于细节**

  再好的隔热与隔声材料,都可能因为一个局部的疏漏功亏一篑。

- **轻建筑、轻结构、轻介入是环境影响最低的**

  降低建造全过程的环境干扰与污染是存量更新的意义所在。

- **材料利用的三个方面**

  废材料的回收利用,旧材料的保留改善,新材料的适当选择。

- **改善景观环境的三个策略**

  减量留绿、集中增绿、多维加绿,总体上应当提倡减量发展,改善公共资源平衡。

对于既有建筑的再利用，首先解决的是安全问题，在满足安全的前提下，品质提升是存量更新的核心内容。建筑的品质提升主要在于功能品质提升、建筑内部物理环境提升、建筑绿色环保提升以及日后的运维提升四个方面的升级和更新。

4.1 功能品质的重塑

前面我们研究了存量建筑的功能策划与转变问题。无论功能是否发生改变，显然原来的建筑功能已经不能满足当下功能延续或者变化的需要。那么就需要进行功能品质的重塑，使之满足当下的需求。

4.1.1 居住品质改善与提升

居住品质提升是现实更新过程中非常重要的内容，反映在实际工作中，主要是以住宅、民居、民宿、酒店、宿舍、养老、周期培训等为功能转换目标的改造工作。居住改造的核心内容是完善居住功能，即完善居住舒适度和卫浴功能。过去很多民居建筑和非居住建筑都不具备室内卫浴功能，居住舒适度也不高，这是改造的重点和难点。卫浴功能的引入同时带来了水电线路的接入和改造，需要对原有建筑的系统进行一定程度的调整，如图4-1所示为在民居中增加卫生间。

图4-1 老房子植入的卫浴
（笔者自摄，2020年，昆山）

这里特别值得一提的一种方法是植入卫生间模块的方法。这是一种轻建筑兼装配式的解决方案，前提是植入卫浴的位置空间相对充足，或者可以进行贴建和加建。但这种方法对于相对简易的改造比较适合，对于品质要求比较高的项目，还是需要进行整体的改造和更新。

居住品质的舒适度提升重点在于室内可触、可视位置与视、听、触物理环境的提升，主要内容便是对于室内墙面、顶棚、地面的整改。可触面的设计因人而异，但应保持连续、完整的界面，给人以最佳的舒适感受。这种接触面就像汽车的外壳、内饰一样，没有这些汽车也能开动，但是感官效果就会急剧下降。

4.1.2　公共建筑的理念创新

公共建筑的品质提升在于对服务人群的人本主义关怀，在于公共服务能力的提升，在于有效的平面组织和公共空间的处理。公共建筑的提升往往不是一蹴而就的，而是在长期使用中，随着人们生活的需要和意识的转变不断发展的。比如入口增加门斗，增加骑楼和公共空间（图4-2），多栋公共建筑之间增加连廊，老建筑设置无障碍厕卫及设施等。很多时候，一个很小的改造就可以提高建筑的功能效率和服务水平。

图4-2　安苑里社区中心增加的公共骑楼
（笔者自摄，2021年，北京）

公共建筑的服务品质的关键在于合理的人流组织和功能接续。在存量建筑改造中，公共建筑的接待空间、交通空间、共享空间和功能空间等需要进行合理的组织和安排，从而实现原有功能的转换或提升。

随着智能建筑、互联网、大数据时代的到来，越来越多的建筑被赋予了智能化、网络化、数字化的要求，这些理念逐步走进人们的生活，对建筑更新也产生了潜移默化的影响和改变。

4.1.3　功能反差的积极探索

在存量建筑的改造过程中，很多建筑功能会被改造成一些与之前反差强烈的业态，比如工业建筑改成剧院、养猪场改成餐厅等。此类改造受到原建筑的限制，在新功能的植入上要进行一定的取舍。当然，结合新功能的演化也可以创造很多意想不到的效果，将原有建筑的局限性和影响控制在最低的范围内。如图4-3所示为砖窑改成餐厅。

功能的反差在一定程度上要依靠扩建来完成，新建部分也可以通过强烈的对比增加新功能的辨识度和视觉冲击。当下很多有特色的建筑群改造偏于保守，植

图4-3　用砖窑改造的西餐厅
（笔者自摄，2018年，昆山）

人的新内容不多，这既是一种对保护意识的肯定，也是一种对创新不足的反思。从某种意义上讲，保护固然能让后人看到过去的历史信息，但也失去了我们这一代人应有的历史信息，在保护与传承、传承与创新之间，怎样适度地选择，是存量更新过程中最艰难的问题。从建筑师的角度讲，创新更加重要，因为我们的建筑，活在当下。

4.2　物理环境的再造

建筑的物理环境是影响舒适度的根本因素，针对既有建筑气密性、水密性、保温与隔热性能进行分析与研究，通过现代声、光、热系统的植入改善传统建筑的舒适性是存量更新的重要内容。

4.2.1　保温与隔热

建筑的保温、隔热性能是更新效果评估的重要指标。衡量保温性能的主要指标为冬夏季室内的温度和湿度，而提升性能的主要手段是提升物理阻热性能和门窗洞口的气密性、水密性。

大部分传统材料都具备良好的热惰性，比如土、木、草等建筑材料。以夯土材料为例，400毫米厚的墙热阻可以达到0.34平方米开尔文每瓦特。这个系数基本上接近了现代保温材料的水平。然而，大多数存量建筑保温隔热性能不佳主要是由于气密性不佳。通常情况下，冷风渗透和门窗的气密性造成的负荷可以达到室内热损失或负荷的50%以上，甚至达到70%。因此，加强既有建筑的节点部分的密闭性和减少冷桥可以很好地控制室内得热和失热的指标。

保留原来的围护结构、内部增加保温，是经常采取的改造方式，但受到施工质量和细节完善的影响，同样增加内保温的做法往往结果大相径庭。因此，在建筑物的节能改造过程中，细节控制非常关键！这就好比两个人在寒风中都穿着一样的棉大衣，一个人把领口、袖口扎得严严实实，就很温暖；另一个人袖口、领口都敞开着，即便穿了大衣，也起不到保温的作用。冷风渗透的作用很强，再好的保温隔热材料也抵不过一个空隙的快速渗透。

4.2.2　光环境提升

在既有建筑中，光环境的改善是非常重要的，光环境对人的心理影响非常明显，人们在黑暗中或强烈的单色光中往往会觉得不适、压抑，甚至出现呼吸困难、恐惧等症状。存量建筑的光环境往往亟待提升，特别是传统的乡土建筑中，建筑间距小，乡土材料开窗能力不足，采光往往不好。需要通过改造设计增加采光效果，创造明亮、自然的室内环境。

1）增加自然光

增加自然光是最好的改善光环境的方式，人们对自然光的依赖非常强烈。传统建筑由于当时有限的节能技术，往往采光面积有限。通过现代技术，可以扩大原有建筑的采光口，提供良好的自然光源。但是过分地加大采光口，也会对传统风貌造成一定程度的破坏，因此除了直接加大采光口以外，还可以通过增加高侧窗、增加天窗、采用透明屋面材料等方式增加采光（图4-4）。

近年来，光导纤维和光导管的出现为很多老建筑增加自然光提供了可能。其利用光的折射与反射原理，使光线绕过厚重的旧有结构，改善室内光环境，是一种既节能又简单的改造方式。

2）增加人工照明

在自然采光难以满足要求的情况下，增加人工照明是不得不采取的改造策略。人工照明应尽量采取节能照明灯具，减少能耗。同时在木结构建筑中，人工

图4-4　增加屋顶的采光
（向刚摄，2021年，安顺）

图4-5　地面变亮了，北向的老宅也亮了
（笔者自摄，2017年，昆山）

照明应尽量采取接地的做法，一方面减少对木结构的火灾危险性，另一方面也可避免木结构吸水后造成短路等危险情况的发生。

3）改善墙面、地面光洁度

在采光有限的位置，除了增加光源，改造室内表面的光泽度对于室内光环境也有很好的补光作用。同样体积、体形的房间，采用白色墙面、光洁带有一定反射的地面，室内光环境也会得到很大的改善。因此，在采光口面积有限的情况下，增加室内墙地面的光洁度，采用浅色的饰面，也可以在一定程度上提升建筑的室内光环境（图4-5）。

4.2.3　声学品质改善

声学性能的改善主要包括隔声和吸声两种策略。除有特殊要求的建筑，比如有"音乐""影视"需求的房间以外，大部分相关改造中要解决的问题主要是减少噪声的问题。增加墙体、楼板的密实程度可以最快速地解决噪声问题。

和保温隔热相似，存量建筑中的声学问题主要来自密实度不高造成的直接漏声。因此，细致的修补、增加隔声层是快速有效的方法。在传统木构建筑中，对于木地板也可以采用增加地板层数和空气间层的方式，通过双层木地面之间的空腔系统，可以大幅降低噪声。空气隔层无论对于保温和隔声都非常有效，但前提是气密性相对较好、不存在渗漏的情况。

4.3 绿色低碳的跨越

传统建筑是中国历代中国人智慧的结晶，其选址、用材、建造和使用都是一定时期内最佳的选择。很多传统工艺建造的建筑都具备冬暖夏凉、节能节材的特点，比如夯土建筑优异的保温性能、干阑建筑良好的防潮性能、四合院极佳的日照通风效果。但是随着时代发展，绿色建筑朝着体系化、指标化发展，对存量建筑也提出了更高的要求。这对于存量建筑而言，是一种历史的跨越。

4.3.1 更新的环境影响控制

首先，更新本身是一种对环境影响较低的建设方式，特别是在传统城乡风貌地区，植被、水体、山体等自然资源丰富的地方。评价建筑更新的好坏，首先要看建设过程中对周边环境的影响是否降到最低。具体可通过存量建筑更新，修复先前已经退化的场地，使之恢复自然状态；增加透水石路面，减少不透水地面；施工时设立明显的边界线标志，以保证现有场地受到最少干扰；对现有绿化自然资源进行保护与整治，实行对环境影响最低的设计施工策略；采取屋顶植被技术和材料技术，减缓屋顶热岛效应，比如使用反射性屋顶材料等。这些都是常用的环境友好型措施。如图4-6所示的江苏昆山祝家甸原舍的花园，采用了透水地面、绿化和金属屋面等环境友好措施。

图4-6 具有反射性且下卧空气层的金属瓦
（笔者自摄，2017年，昆山）

轻建筑、轻结构可以大幅降低对重型机械的使用，降低交通运输成本和设备
用能消耗，所以具备良好的低环境影响品质，这也是我们反复强调在更新改造过
程中进行轻量化设计、轻结构植入研究的原因。

4.3.2 节能节水专项改造

节能是绿色环保的重要评价指标。受建设年代的限制，存量建筑大多采用比
较低技术的手段解决能耗问题，当然其中也不乏一些低技术、低成本的优秀节能
措施。在更新过程中，面对琳琅满目的新技术，应选取技术成熟且最适宜的新能
源加以利用。很多时候一些新能源未必能够发挥应有的作用，如果盲目使用，反
而造成了巨大的环境污染和浪费。很多新能源技术初次投入成本高，维护成本
高，也要慎重采纳。因为随着时代发展，技术与需求也在快速地更迭，很多新能
源技术的设备和机房还没建设完成，可能就已经淘汰了，后期的维护和更新更是
无从谈起。还有些新能源解决了能源采集的问题，但在蓄能、用能方面却不够完
善。这些新技术在使用之前，要进行详细的市场分析及日后使用维护的可能性
研究。

水是生命之源，节水对于存量建筑改造，特别是缺水地区的改造非常重要。
当前，建筑的节水设备已经比较成熟，节水洁具和控制设备也在市场上受到普遍
的欢迎。这里需要强调的是，建筑外部节水主要表现在对环境自然水体的处理策
略上，包括雨水处理，建立场地雨水系统，消除地表径流，增加透水地面，通过
自然湿地、植被过滤带、生化水池等处理场地内的雨水，将雨水转化为景观灌
溉、室内非饮用水的来源等。

4.3.3 材料的循环再利用与选择

建筑改造中的材料问题主要表现在三个方面，即废材料的回收利用、旧材料
的保留改善、新材料的适当选择。

废材料的回收利用，可以减少建筑施工和使用产生的垃圾排放，在一定程度
上节约投资成本。所以，在现有建筑中应设立方便的回收系统，对废弃物进行分
类回收和再利用。目前我国的更新改造大部分处于粗放建设阶段，缺乏对旧有材
料的再利用意识，甚至连基本的垃圾分类都做不到，建筑垃圾通常采取的方式是
填埋，但是大多数建筑垃圾很难降解，后患无穷。

对于保留部分，利用原有建筑构造，减少不必要的拆除，可以节约材料和垃
圾排放。如图4-7所示老宅中保留的木楼板，在保留原木板的前提下，增加新的

图4-7 反复利用的木板，多次叠加
（笔者自摄，2019年，福州）

加固板，从而增加建筑原有的归属感。很多时候，保留旧材料在短期看未必能够节省资金，有时可能成本还高于新建，但因为保留而得以节约材料，减少垃圾，有着更加长远的利好。当下成本的不可控是由于市场业务量少、保留技术不普及而造成的，这种情况随着保留意识的加强才能得到改善，如果只顾眼前利益破罐破摔，只能进入愈发恶性的循环，造成更大的问题和矛盾。

在新型材料选择上，应当因地制宜、就地取材，以节约运输费用，体现地域特色。可再生、可循环与可降解对于新材料的选择非常重要，很多当下廉价的材料未必是最好的选择，当全民保有存量更新与建筑循环利用的意识之后，具备可持续性能的建材便显得尤为重要。

另外，还应考虑建筑的转换周期问题，特别在功能置换的情况下，应提前减少建筑使用者交替中的浪费，应建立一个历代使用者之间的物质资源循环系统，避免短期内多个业主之间交替产生的装修、换新操作。

4.4 景观环境的美颜

我们经常开玩笑地说景观设计就是建筑的美颜相机，景观的改善也会迅速促进存量建筑环境的品质提升。举个最简单的例子，当我们把一个破烂的、污水横流的老旧园区打扫干净，然后摆上鲜活的盆栽和绿植，给人的感受马上就不一样了。环境和景观的营造，就像美颜相机一样，就算原本的建筑不怎么好看，加上蓝天白云和鲜花绿草，人们的感受也会瞬间不一样。有时候，人们甚至觉得不一样的天气，看同样的建筑心情也不一样，可见环境和景观因素对于存量建筑品质提升的重要性。

4.4.1 减量留绿

城乡存量更新的总体趋势应该是做减量发展，由于过去的建设往往比较集中，密度比较大，加之私搭乱建比较多，呈现出密度大、质量差、环境拥挤、道路狭窄等情况。面对这样的情况，应尽可能优先做减量处置，尽可能腾退出更多的绿化、景观、道路和公共空间用地，从而进行景观环境的品质提升，如图4-8所示即为城市中心区域减量腾退的小花园。尽量将能够外移的公共建筑、公共资源外移，一方面可以改善公共服务均等性，另一方面，也利于继续疏解集中建成区域，改善环境品质，使得中心建成区域与周边新增建设区域得到均衡发展。减量留绿不仅仅适用于大城市，对于很多县城、集镇也非常适合，目前国内很多县、镇出现了中心居住产业密度过高、周边发散不强的特点，给日后的城市发展造成了很多不利因素。

图4-8　拆除私搭乱建变成小花园
（笔者自摄，2019年，德化）

4.4.2　集中增绿

在集中建成区域，除了减量留绿，第二个改善方式便是集中增绿，也就是增加部分建筑的使用面积，从而实现分散业态的集中，以腾退出更多的绿化景观用地。此种做法多适合于商业、产业等零散布局的业态区域。可以将原来的分散式商业、产业进行集中，减少占地面积，从而实现土地的集约利用，进而解放部分土地资源，为增加城乡公共空间、服务和环境景观提供支撑。

这里的集中也是相对的概念，尽可能保持减量或者不增加，实际还是以增加绿化节点、口袋公园、公共空间为首要目标的更新思路。

4.4.3　多维加绿

多维加绿是指多维度地增加绿化，改善生态环境，提升生产生活品质。维度一是增加屋顶绿化，减少热岛效应；维度二是增加垂直绿化，利用存量建筑立面增加植被；维度三是增加露台、阳台等竖向小空间的绿化，大多有赖于个体业主的共同努力。

多维加绿一方面是多空间维度地增加绿化，另一方面也需要多元参与地增加绿化，不仅仅是靠管理和物业，每个单元的业主和使用者都需要参与进来，共同改善社区或园区的环境品质，促进从总体到细节的全面的环境品质提升。

4.5　自主提升案例：黄金台下，缙山隐巷

北京延庆永宁古城缙山隐巷精品民宿改造项目位于北京市延庆区永宁古镇中心玉皇阁东北角，拱辰街与永宁西街交叉口东北角。宅门向东，包括一户民房及宅前小院。

4.5.1　永宁古城

永宁古城，位于北京西北的延庆区，始建于唐贞观十八年（644年），又名寒江城；兴盛于明永乐十二年（1414年），系燕京戍卫重镇，素有"先有永宁城，后有十三陵"之说。由于地处京北要隘，永宁古城多次毁于战火，如今的古城，也是一座后人规划兴建的古城，城中保留了几处历史建筑。令人欣喜的是关于古城的很多非物质文化保留了下来，比如永宁烧饼、豆腐宴、山货集市等。

图4-9　对称的格局，交叉路口右上角是要更新的小院
（笔者自摄，2019年）

　　城中心有一阁，叫作"玉皇阁"，阁下四角有四组对称院落。位于东北角的院落的主人是本地人，对家乡的历史文化非常热爱，于是他想在此建造一座民宿。如图4-9所示即古城中心绿琉璃阁楼右上角的院落。

4.5.2　情怀人家

　　院子的主人谙熟本地历史：家乡延庆，秦为居庸，汉唐为妫川，后为缙山，再为龙庆州、隆庆州、延庆州，历经沧桑至今。在历史上，作为燕国属地，亦可筑黄金台，来彰显燕山文化。作为本地人，其对延庆和永宁的历史如数家珍，关爱备至。

　　小院已经闲置多年，院内门窗破败、朱漆褪色（图4-10）。主人希望对其进行改造，并且已经修起了铁艺栏杆。难得主人有此情怀，而此宅又刚好位于古城中心、玉皇阁下，如果能够把这个点改好，对于古城的更新至关重要。于是我们及时介入，以院主人对家乡的热爱作为激发其自我更新的情感基础，开始了这处古城里的小微更新。

图4-10 闲置的永宁小院
（笔者自摄，2019年）

4.5.3 望阁三轩

第一次步入小院，我便被玉皇阁在小院中的视角所感动。第一次漫步老街，就可以看到淳朴的民风和老街上真实、热闹的生活。于是将院中分，南、北各为动、静两区，筑高墙为隔，用墙将其划分为三间小院，各置一轩。所谓轩者，即有窗的小屋，将小屋屋顶开斜天窗，侧开大窗，用以望阁，得阁景则院有格，故所有房间均望阁而生（图4-11）。

除了三间小轩，在入口处还置入一间早餐厅，同样开天窗望阁。这间小屋也成了缙山隐巷的公共接待区域。由于小院的公共空间有限，所以利用木台阶将小院和屋顶连续起来，命名为黄金台，台上空间延展，做白沙山石阻隔小院内私密空间的视线，人们转身便可在屋顶花园看街赏阁（图4-12）。上人屋面也再次缓解了屋顶的热岛效应。

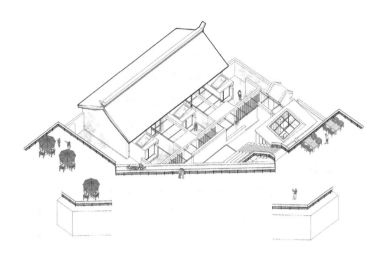

图4-11　功能重新梳理的小院
（中国院团队绘制）

图4-12　改造后的小院
（笔者自摄，2020年）

4.5.4　舒适小屋

　　室内舒适性改造是这个项目的重点，为民宿提供亲切的界面。我们尝试将小屋内部四个面做成木饰面，增加人们的舒适度。同时内部用博古架将室内空间分为动、静两区，南面作为客厅，北面作为卧室。博古架内部作为楼梯（图4-13），可以上阁楼。阁楼上实为木板大榻，可以作为家庭房的起居拓展功能。

　　屋顶上用席子和木梁构成了乡土材料的内饰面，散发天然的草木气息，让人们获得更加舒适和亲切的居住体验感。三间卧室的改造更新说明了接触面对人舒适度感受的提升，无一遗漏的细节设计是室内环境品质提升的关键所在。如图4-14所示为用木饰板和硅藻泥全部封闭、无一遗漏的内饰面。

图4-13　通向阁楼的博古架
（笔者自摄，2020年）

图4-14　改造后的室内
（笔者自摄，2020年）

4.5.5　闹市雅院

原本的小院被分成三层院落。首先，每一间卧室对应一个小院，提供了中国传统民居的内院，也是比较私密的空间。其次，在入院玄关到每个私密小院之间增加了游廊，这是对四合院抄手游廊的解读，给每一个院落提供一个不淋雨的交通空间。最后，就是游廊之外的外院，也是最为共享的开放空间。这里为人们提供了一个可以交流活动的空间，并且延展至屋顶花园，可以容纳亲朋好友一起聚会娱乐。公共早餐厅也为院落提供了绝佳的餐饮咖啡服务。

三层院落构建了距离街市的空间层级，一方面缓冲了街市的吵闹对院落的影响，另一方面也增加了私密空间的层次，让客人安心下榻，实现了院主人在闹市中做雅院的梦想（图4-15）。

图4-15　闹市中的小院子
（笔者自摄，2020年）

4.5.6 烧饼豆腐

小院西侧的拱辰街也是永宁古镇的北街，由于交通便利，这里是最热闹的所在。街上好几间永宁烧饼和豆腐宴餐厅，各个热闹非凡、生意兴隆。因此小院内也不需要开火，早饭尽可让服务员去街上采购烧饼和老豆腐，午饭、晚饭客人可以去豆腐宴餐厅品尝特色——永宁菜，所以干净的餐厅并未设置厨房，如图4-16所示的玻璃餐厅。微更新的构建在于各种功能的相互补充和完善，而不需要自我特别完善。烧饼豆腐是这里的文化，不需要新的更新去抢戏，只需要这间小院提供更多的粉丝与热爱生活的人们。

4.5.7 自发更新

缙山隐巷是一次居民的自发更新，也是最值得肯定的一种更新模式。业主自我产生的文化诉求、个体投资、改造建设、运营维护，实现了完整的更新过程。院主人常常和我说，即便亏一点也没事儿，反正大不了以后自己养老用。他经常到工地去，呵护工地里保留的小树，就是图4-17中右上角小院里的那棵树。也

图4-16　面向玉皇阁的早餐厅
（笔者自摄，2020年）

图4-17 自发运营的民宿小院与小院里不变的小树
（笔者自摄，2020年）

经常去看看施工细不细致，还邀请我一起到香河去淘家居，买装饰品。这个过程没有任何的浪费和低效，没有任何的糊弄和迷茫，这便是存量更新的最高境界——基于文化自觉的、民众自发的、业主自主的、运维自治的、建立自信的更新过程！

案例小结

- **除了历史和文脉，更新过程要善于发现有价值的资源**
  最好的资源往往就在周边的环境当中，好的资源会改变一切。

- **房间舒适度的重点在于改善室内可视可知的细节**
  干净的地面、整洁的墙面、舒适的顶面，构成了建筑内部的感知。

- **更新的重心不在于全面，而在于弥补**
  既然是对建成区更新，就要进行嵌入、补充和完善。

- **我们最期待自发的更新模式**
  一种基于文化自觉的、民众自发的、业主自主的、运维自治的、建立自信的更新过程！

第 5 章

运营维护:
存量的永恒之道

- **传神而非传形**

  无论是历史建筑还是现代建筑,有文化的运维在于意境的塑造。

- **建立建筑生命周期的概念**

  健康的建筑和人一样,需要平时的健康维护与定期的医疗服务。

- **建筑材料应转世而不是掩埋**

  有效地利用不易降解的建筑材料符合人类的长远利益。

- **建立明确的主题可以让运营事半功倍**

  前期的策划与设计中应与业主达成关于发展主题的一致。

- **面对更新,全民共情**

  同一文化、同一环境、同一家园,共情是高效运维的基础。

- **培养共同利益群体**

  建立共同利益群体,让建筑运营从被动服务变为主动付出。

存量更新从更长的周期来看，本身就是一种运营维护。房屋的改造、修补、再利用，本身就是房屋的运营与维护。坚持不断地修修补补，不断地持续更新，才是建筑生存与发展之道。当然，世间没有永恒，只有不断努力使其获得更加长久的生命。

5.1 业主的更新价值观

5.1.1 每个人心中的"拙政园"

拙政园是家喻户晓的苏州园林，事实上，拙政园是一个文人的家（图5-1）。四百年前，官场失意的明代御史王献臣回到故里，用毕生积蓄置地并建造了自己的家，取名拙政园，自嘲做不好官。王御史辞世之后，其子将宅子输给了下塘徐氏，徐氏家族在此居住长达百年之久。到明代末期又交由刑部侍郎王心一，由王侍郎加以修缮。到了清代又被大学士陈之遴购得，于是继续修缮。此后历经官管、民管，经手之达官贵人不计其数，历代饱学之士不断对之加工再造，几度沉浮，流传至今，成为今天令世界瞩目的文化遗产。

图5-1 苏州拙政园
（笔者自绘）

这便是更新与传承的力量，中国人的心中，都希望有一个可以去传承的家业，有一座百世流芳的"拙政园"。因此每个文人墨客接手时，都尽其所能，去完善与成就这座家园，这便是存量更新的意义与文化内涵——打造心中那座永恒的家园。

所以建筑的代居与世居似乎也不重要，重要的是每一代的业主都有一颗传承与发展的心，也便是共同呵护家园的价值观。抑或有一天，几度轮回反复，人们会再回到那个过去的家园。

5.1.2 传神而非传形的境界

东方艺术中讲神贵于形，也就是在艺术的创作中，神比形要重要得多。顾恺之讲，"凡生人亡有手揖眼视而前亡所对者，以形写神而空其实对，荃生之用乖，传神之失矣。"[1]这段话强调了以形写神的重要性，同时更加强调在形的基础上要加强神的创造。建筑是凝固的艺术，建筑的传承真正的意义同样在神而不在形，也就是要传承精神而不是拘泥于建筑的形状、构造或者所谓"符号"。所谓"形而上者谓之道，形而下者谓之器。"[2]建筑的外壳只是器，而建筑的建造法则、规律、文化底蕴才是道。在存量建筑的保留与传承过程中，将过去的文化和精神留下来，远比只留下以前的形态要重要。比如原本的木构建筑塌了，复建一座混凝土的仿木建筑，这便是只传形而丢了神，因为混凝土本不需要木构的形态与构造，成为一种没有逻辑的行为。真正需要做的是继续营造当年的文化与意境，用创新的材料和设计手法去营造当初的"神"。比如历史上的芝云堂早已不复存，我们需要的不是芝云堂本身的古代建筑，而是芝云堂留给我们的层层屋顶、叠盖如云的意境（图5-2）。

---

① 引自东晋顾恺之《魏晋胜流画赞》，创作于约公元380年，是中国绘画史上阐述临摹方法的一本著作，对中国绘画的发展产生了非常深远的影响。
② 引自《周易·系辞上传》，原文："形而上者谓之道，形而下者谓之器，化而裁之谓之变，推而行之谓之通，举而错之天下之民，谓之事业。"

图5-2　小桃源芝云堂与钓月轩意境初想
（笔者自绘，2017年）

5.1.3　无时无刻与生生不息

　　建筑的运营与维护是一件无时无刻不需要做的事情，也是一件没有终结、生生不息的事情。英国文学家阿兰·德波顿（Alain de Botton）在《幸福的建筑》一书中描述了建筑的意义在于建筑内部的各种生活，而这种生活是一代代延续的。建筑所能提供的是一个庇所，不仅仅是物质的，也是精神的。比如住宅建筑为每个人提供了家的概念；办公建筑为每个人提供了工作的概念；而公园、医院、车站等又分别提供了休闲、健康和旅行的概念。这些概念的背后是一代又一代人、一个又一个业主的使用、交割、维护、改造、升级、更新……我们或许可以成为第一个业主，但很难成为最后一个，我们要做的便是把建筑、空间、园林更好地交给下一任业主，可以让很多年后的业主依然知道我们对这里的贡献与付出，这也是一种传承。

　　房子和汽车一样，都需要定期的进行保养，必要时更换一些零部件，只有这样才能跑得更远、更顺畅，如图5-3所示为刚刚做完地面清理保养的工作站。经常的小修小补胜过一次性的大修或者推倒重来，但是在一些共有产权的建筑里，很多业主意识不到这样的问题。比如在集合住宅、公租房等中，很多人把这些建筑视为临时的居所，肆意滥用和破坏，这样只会加剧建筑的损耗与老化，损人也不利己。

图5-3 有人维护的工作站
（笔者自摄，2020年，昆山）

5.2 建筑的社保与医疗

建立一种建筑全生命周期的概念，可以把建筑想象成一个人，要想能健康持久，就需要有定期的"医疗保健"。这种养护包括两种形式：一种是日常的健康维护，类似社区医院或者药店，时不时地进行一些理疗、按摩、体检、调理等；另一种便是遇到健康问题或者另有需要时，到专业医院进行全面的治疗。前者属于日常的维护，后者属于专业的更新。

5.2.1 日常物业的价值维护

建筑日常的维护依赖的是业主和物业，业主要有爱护家园的心，也就是前面提到的价值观。同时，要雇佣好的物业，对建筑的外观、内部、设备、环境进行定期的维护和检查，及时修补小问题，避免酿成大问题。

选择物业的关键在于与之匹配的服务规模。比如，一个小区只有两栋楼，每栋楼有100户，就有200户居民，假设平均每户100平方米，物业费2.5元每平方米每月，那么这个小区每年物业费的总额为60万元，如果按人均工资10万元每年，这个物业最多就能雇佣6个人，那么除去物业经理和财务，可能水暖工、保安、保洁就只能雇佣一两个人，显然很难维持稳定的运营。显然，无论是办公建筑还是居住建筑，太小的社区成本是很难维系的。而物业不好，办公楼或小区的品质都会急剧下降，楼宇开始贬值，进入恶性循环。当前，在我国，公共建筑的物业费是随着市场波动的，但是居住的物业费大多在商品房一次成交时定价，十年、二十年维持原来的价格，这对于房产的维护和保值是不利的，也是老旧小区越来越多的重要原因。物业经营不下去，小区就得不到有效的维护与管理，最后就演化成地方靠财税来支持老旧小区改造，损害了一定的公共利益。

解决建筑存量更新的基数问题，需要建立良好的物业监管和维护机制，对物业费进行公正的市场定价，同时进行有力的监管，确保物业能够按照程序对建筑物进行必要的修缮和养护，进而从源头上延缓老旧小区、无物业小区的大量出现，从而减少社会问题与财税压力。

5.2.2　一定周期的评估改造

如果说物业是"社区医生"，那么专业的建筑设计单位就是建筑的"三甲医院"了。这些建筑的"医院"的任务主要是抢救濒危建筑，即加固和修缮；为建筑做手术，即修复或移植；为建筑改头换面，即改造或整容……大多有机类的建筑材料生命周期都比较短，比如橡胶、沥青、塑料、亚克力、聚氨酯、聚苯等，这些大多是存量建筑的防水层、保温层和建筑细部的填缝材料，也就意味着二三十年可能就需要进行更换。结合这些材料的老化和更替对建筑进行整体的修缮、改造和再利用是比较好的结合点。因此，对于使用二十年以上的建筑，应该进行周期性的评估和鉴定，从而进行合时宜的改造利用。

5.2.3　材料物件的前世今生

既然建筑有生命周期，那么消亡也是不可避免的。物业和建筑专业更新只能延长其周期，但不等于永生。但是物质是不灭的，建筑材料、建筑设备、建筑构件中很多都可以具备更长的生命周期。因此建筑运营与维护的最后一项工作，便是让材料和可以再利用的物件继续在别的建筑中延续下去，发挥作用，而不是统统变为垃圾。很多房屋在拆毁时，内部的生活垃圾没有得到仔细的清除，造成建

图5-4　老砖和回收木板改造的祝家甸窑厂
（笔者自摄，2017年，昆山）

筑垃圾与生活垃圾混合在一起。这种垃圾兼具了生活垃圾的腐蚀性和建筑垃圾的碱性，对自然环境的破坏力非常大，需要在更新中谨慎面对。单独分类的、干燥的建筑垃圾大多数情况下是可以再利用的，重新融入新的建筑中去。

如图5-4所示，江苏昆山祝家甸砖窑博物馆项目对回收的大量老砖进行了再利用，同时廊檐里使用的木板也都是旧材料回收的。这些回收材料不仅避免了浪费和环境污染，同时也增加了建筑及其环境的历史感与沧桑感。

5.3 文化传承与乡土再造

运营与维护是一件专业的、市场化的事情，只要在社会上找到合适的团队并加以一定的监管便能起到很好的效果。但找到一支注重文化传承的、懂建筑的、有情怀的运维团队，则是一件更难的事情。

5.3.1　传统建筑的氛围

　　显然，我们保留一座传统建筑，后期的运维就要与之相匹配。大多数情况下，运维传统建筑需要比较专业的团队，需要懂得传统乡土材料，如土、木、砖、瓦、石的维修与保养方法，同时还要懂得营造传统文化的氛围，不仅仅在建筑上，在个人和员工的着装和物品的用度上也应该有一些呼应。

　　既然是传统建筑，那么运营团队就需要了解这座建筑的历史、大致的修缮次数和最近几次修缮的时间，掌握建筑有可能存在的问题及风险等。加强对传统建筑运维团队的历史文化背景知识的培养是很重要的预前工作，如果运维团队不能够对这些老房子注入喜爱和情感，那么日后的维护也注定是枯燥无味的，也无法营造令人身心融入的传统氛围，如果是这样，花了大价钱保护和修缮的老房子也就失去了其传承教化的意义。因此，基于传统建筑、历史建筑、乡土建筑的文化传袭更加有赖于运营团队的气氛营造，这一点往往比所谓的修旧如旧、制法或工艺讲究对不对要重要得多，也是此类建筑存量更新的灵魂所在。如在福建省宁德市南岩村，可用于修缮老房子的资金并不充裕，但是在村股份经济合作社（经合社）的组织下，大家一起营造传统气氛，使村庄看起来非常美（图5-5）。

图5-5　南岩村的传统氛围营造
（笔者自摄，2021年，宁德）

5.3.2 现代建筑的意境

当我们用全新的营造模式去诠释历史或过去的意境时，实际上对建筑本体的工艺和材料的要求也就被弱化了。当我们用现代建筑学语境和技术去改造或运营一栋有故事的建筑时，基于口述史、历史文献、资料文本的意境恢复，是从前期策划到设计，到组织施工，再到运维都必须相互配合并不断坚持地工作。此刻，建筑学艺术层面的价值也就凸显出来。其除了要表达工程，还要彰显当下的文化与价值观，加之延续了建筑中本来的乡土性，这种基于建筑文化传承的表达叠合达到了古今文化的巅峰。当然这种巅峰也是短暂的，很快也会被更多的文化积累所再次超越，这就是我们讲乡土传承的重要性——始终在叠加、积累，而不是自不量力地从零开始、开天辟地。

在城乡存量建筑更新中追求现代建筑的意境，是一件承上启下的工作，其中在历史信息的基础上添加了大量我们这个时代的信息，注释了我们这个时代的观念水平和技术能力。这件事说起来似乎很高深，但其事实上就和人类的生育一样，只是每一代建筑师必须做的事情而已，或者当专业认知成为常识，也便成为所有人都要坚守的立场——传承即传接美好的、承接现代的，让后面每一次的成功站在先前传承的肩膀上。

如图5-6所示，在昆曲学社的改造中，老民居加上现代门窗与传统竹幕墙的光影叠加，加上昆曲小演员的红妆，形成了一道历史与现代、传统与当下叠加的风景和意境。

图5-6 玻璃、竹影与昆曲
（蒋彦之摄，2016年，昆山）

5.3.3　混搭建筑的共生

对于运营维护团队而言，新旧搭接是有趣味的，同时也是相对困难的。和前面两种情况一样，历史文本与知识同样重要，关于保存部分的呵护和维系也非常重要。同时也要兼顾现代部分的格调与意境，二者需要和谐地共生。过于复古的现代部分与过于新潮的保留部分都是不合适的。这需要业主或运营维护团队有准确的定位和艺术品位。当然如果在策划或设计阶段就能明确地定义一个主题，那么后面的工作就好开展了，至少围绕主题就不会错。由此可以看出，从策划、设计、施工到运营维护，要主题明确，从头到尾贯彻清晰，否则就会增加其中某一环节的难度。基于提前解决问题的实用性，在策划和设计中与业主形成一致的思想，后面的工作中会顺利很多。

如图5-7所示，历史上的芝云堂是会客、接待名流贤士的所在，今天，在斑驳的芝云下，仍然举办着恭迎天下友人、专家聚会的各类行业活动。

图5-7　芝云堂的功能策划与使用
（笔者自摄，2021年，昆山）

5.4 全民共情与共同维护

5.4.1 全民共情

业主和物业的力量终归是有限的，提倡全民共同参与维护与运营是最佳的选择途径。通过调研可以发现，租户多的小区往往更难维护，这实际上也从另一角度说明了全民共情的难度。

全民共情是基于社会学方法的社区营造活动，通过共同的文化、共同的理想、共同的回忆等观念的强化实现共情，也就是对集体和家园的共同认可与归属感。实际上中国人非常善于制造日常生活中的共情场景。比如两个初次见面的人，如果是同姓便称之为本家；如果来自一个省份或地区，便称之为老乡；如果是大区域相同，至少也可以成为半个老乡……共情可以快速地形成共同的立场与目标，从而达成一致的社会行为。

建筑和景观环境的维护也需要共情，每个人从内心去认可维护好的环境和空间品质不是别人的事儿，而是自己的事儿，那么建筑的运维也就相对容易和顺利了。出现了故障及时报修，发现了问题及时补漏，共同抵御各种对社区和环境不利的行为和事件，那么，社区的环境也自然和谐美好，建筑的生命周期也会不断地延长。

5.4.2 共同维护美好家园

除了共情的意识，维护美好家园也需要多方的力量。这些力量不仅来自政府、物业平台、社会组织、业主委员会等，也来自每个人的参与。其中不乏精英力量和个人财力的付出，比如爱跑步的人士可以共同出资为社区营建一条跑道，藏书多的人士可以捐赠一个图书角等。

中国文化讲究"衣锦还乡"和"荣归故里"，不论是事业成功者或是生意兴旺者，他们都会积极为自己生活、工作的区域作出自我的贡献。同时，做公益和有利于群体的事情，也被视为积福和祈求平安健康的途径。传承中华优秀文化，大庇天下寒士俱欢颜，激发和吸引更多的社会资金和力量介入建筑和环境的维护，是值得认真思考的事情。

5.4.3 培养共同利益群体

很多时候，共同的专业和爱好也可以成为共情的一部分。比如北京的大院文

化，大院里的居民往往来自同一系统，如行业或军队，这样的社区往往具备更高
的一致性，其维护和发展也相对容易获得一致的意见。又比如同一企业的办公楼
往往也要比散租给不同小公司的楼宇易于管理和维护。再比如大学，很多大学拥
有上百年的历史，但是却长期保持着一种相对稳定的状态，这种长期的文化积
累，一代一代有着共同理想、共同目标的人不断努力，使大学的建筑和校园成为
真正的常青之藤。

因此，在产业园区、社区、住区的前期规划与策划当中，可有意识地引入相
同、相近的行业、社会群体，为其之后发展形成共同利益群体提供先决条件。在
后期的运维过程中，不断地加深和缔造共同利益群体，也是建筑后期运维的有力
保障。

最后，把视野再放大一些，我们中华民族是一个更大的共同利益群体，我们
共同肩负传承中华优秀传统文化的历史使命。乡土中国里滋润的每一滴乡愁，都
是我们要珍惜呵护的过去，认真地善待每一栋存量建筑，珍视和尊重这些建筑对
于这个国家和人民所作的贡献，记录好每一段历史基因，我们才能在不断的传承
与创造中，一起向未来！

如图5-8所示的江苏昆山巴城老街上保留改造的老电影院，古镇保护办公室
每周四到周日都会组织老街居民一起看电影，大家不仅可以一起看电影，还可以
同时彼此了解熟悉，共同面对和支撑老街的保护与发展。

图5-8 巴城老街上的电影院更新利用
（笔者自摄，2021年，昆山）

5.5 渐进更新案例：红旗瓷厂，百年传承

福建泉州德化县红旗瓷厂片区城市更新项目中，红旗瓷厂位于德化县中心位置，浔南路和宝美街沿着浐溪环绕瓷厂的东、西、北三侧，总占地面积约18公顷。瓷厂已经荒废多年，向东可衔接至古驿道德化老街，继续向南可达德化陶瓷的护佑之地——祖龙宫，脉络及区位如图5-9所示。

图5-9 红旗瓷厂、老街、祖龙宫脉络区位图
（中国院团队绘制）

5.5.1 中国瓷都

德化位于福建省泉州市西北部，地处闽中山区，是一座历史悠久、物产丰富的南方小城。德化的陶瓷产业历史之久，规模之广，影响之大，可称蔚为壮观，特别是德化白瓷，以纯白无瑕、如脂似玉而闻名天下。因此，德化又有"中国陶瓷之乡""中国瓷都"和"世界陶瓷之都"的美誉。

白瓷足以让小城人民骄傲，因为只有这里特有的土和传承千年的技艺，才能成就如此纯净细腻的陶瓷艺术。如图5-10所示为德化白瓷艺术品。

5.5.2 国营大厂

在小城中心，浐溪向北环绕成一座半岛，岛上有山有林，也坐落着这个小城曾经最核心的陶瓷国营大厂——红旗瓷厂。瓷厂建于1951年，是新中国建立以后建设的大型国营瓷厂。1958年，红旗瓷厂开发成功了高白瓷，白度高达88.8度[1]，突破了当时的世界纪录！红旗瓷厂实现了当时德化人用陶瓷换美金的梦想，德化白瓷也多次作为国礼或国际会议用瓷而被载入史册。

然而随着时代的变迁，烧窑技术、市场环境、工艺原料的不断变化，近年来，老旧的国营瓷厂开始慢慢退出了历史舞台，昔日宏伟的瓷厂渐渐没落成仓库、杂物间、废旧厂房和荒芜之地，如图5-11所示。大厂也在过去的十几年间被分割成小块，租赁或承包给了不同的私营业主，复杂的权属也为即将到来的城市更新增加了不少困扰。

图5-10 精美的德化白瓷
（笔者自摄，2021年）

图5-11 沦落为仓库的瓷厂
（笔者自摄，2017年）

① 王帅，连江水，许华森. 红旗瓷厂，瓷都人心中的一面旗 [N]. 福建日报，2018-02-23.

5.5.3 东山再起

红旗瓷厂毕竟位于小城的中心，无论如何，这里的土地价值和文化价值对于德化都非常重要。2017年开始，德化县政府开始着手红旗瓷厂的更新计划，一个以文化展示、陶瓷文旅、住宿培训、商业餐饮为主题的城市中心活力区域呼之欲出。借助红旗瓷厂优势的地理位置，壮观的厂区、厂房（图5-12），鲜明的文化特色，将给小城赋予新的活力与形象品质。

最初，在资金有限、目标待定的情况下，以城市微更新的策略启动了红旗瓷厂东入口的亨鲤堂片区的一个小微更新计划。这里紧邻城市道路，贴近人民生活，即便将来宏伟的蓝图不能完全实现，这里依旧可以为提升城市品质、改善人居环境发挥作用。

图5-12　已经荒废的国营大厂
（笔者自摄，2017年）

5.5.4　牛刀小试

位于入口区域谷底的老房子亨鲤堂已经年久失修，但是后面的大樟树却十分茂盛。这个区域地形非常复杂，位于瓷厂中心山区的山脚下，但是为了防洪而设计的城市道路已经高过了亨鲤堂的地坪，所以这里成为一个谷地，比道路低三四米，比厂区低十几米，成为红旗瓷厂与城市道路之间的一条鸿沟！如何跨越鸿沟，建立城市与瓷厂的联系，是整个区域更新的首要任务。

首先，为了不让不断抬高的城市道路与场地之间形成陡坎，我们将人行道拓宽，形成可以跳广场舞的红砖广场（图5-13），然后利用广场地下做成停车场（图5-14），同时设置楼梯，建立道路标高到谷底标高的联系。原来的谷底修成小花园（图5-15），形成了上有广场、下有花园的立体休闲空间。

图5-13　修补好的红砖广场
（笔者自摄，2020年）

图5-14 位红砖广场下面的停车空间
（笔者自摄，2020年）

图5-15 修复好的谷底花园
（笔者自摄，2020年）

其次，亨鲤堂和周边的大樟树位置不变，原地保留，但由于亨鲤堂早已坍塌大半，大多数木料都已腐烂破损。我们在对亨鲤堂进行重新测绘之后，保留原有台基和部分可用材料，开始进行修复，并专门邀请了传统工艺匠人对其重构。匠人提出新建祖厝大殿要升两步、主梁要抬一层的要求，设计团队同意并要求用古法修建，于是亨鲤堂在适度抬高后得以用传统工艺再造（图5-16）。

最后，如何从路面到厂区是最后考虑的问题，大广场、大台阶固然能够解决问题，而且不失气派，但是显然不够雅致，也要破坏树木。为满足守住绿水青山的要求，我们引入了一个Z字形的长桥（图5-17），像德化的龙窑一样，把人们送到瓷厂。当然，如此长的缓冲空间也为城市居民提供了散步休闲的空间。这里意外地成为当地的网红打卡之地，很多人喜欢到这里拍照，不亦乐乎。整个长桥采用钢和竹建造，占地少、质量轻，不开山、不挖土，实现了人与自然最好的互动。

图5-16　修复完成的亨鲤堂
（笔者自摄，2020年）

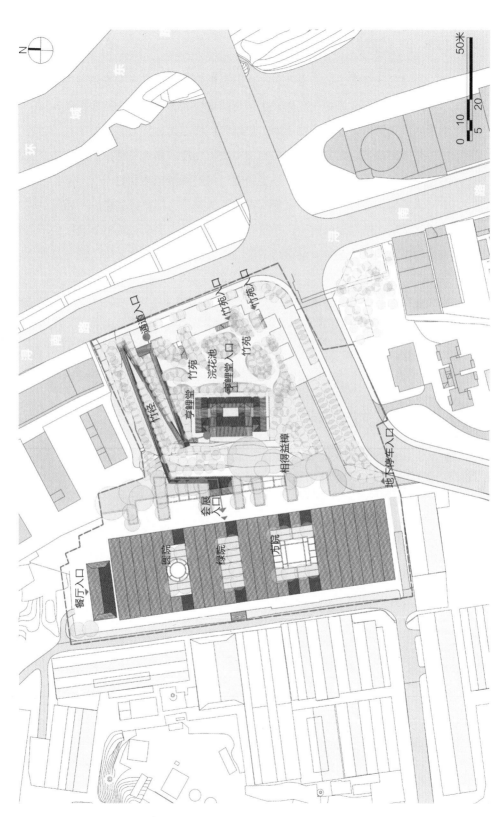

图5-17 更新起步区设计总平面图
（中国院项目组绘制）

5.5.5 护山留绿

山是德化最突出的城市特色，在高处俯瞰德化，可以看到小城依山而建，依水而眠，城中的几座小山已然成为德化的城市绿肺。那么小城的更新，首先确立的原则就是护山留绿、不伐一木。红旗瓷厂依山而建，地势高差明显，山坡上香樟、竹林相得益彰，具有良好的自然本底。场地内原本是荒草丛生，恢复后的场地基本上以留绿为主，增加了适合当地气候的草本植物和竹子。

既要保持地形、地势，又要实现畅达的文旅功能，我们尝试用建筑、构筑物搭建起地形之间沟通的桥梁。在这绚烂的文化遗产面前建筑的形态已经不重要，重要的是使其以最简单、最谦虚的姿态消隐在道路与山林之中（图5-18）。

图5-18 留下的山与绿色
（笔者自摄，2021年）

5.5.6 有序更新

　　红旗瓷厂整个建筑群占地约18万平方米，南北向将近1公里，东西向约500米。改革开放以后，这里曾被分割成多个民营小瓷厂。从2017年到2020年，首先完成了起步区一期的更新和改造。按照计划，一共要分成差不多十几期，逐步地进行城市更新。项目先后邀请了崔愷院士、张杰大师等多位国内外专家进行分期设计，策划了包括陶瓷文化展览区、创意产业孵化区、陶瓷遗址公园、陶瓷文创商业、培训中心、风物街、酒店、剧场、广场等多种功能。红旗瓷厂的更新体现了渐进式、参与式的规划模式，逐点带面的开放过程，实现了一座城市中心区域的有序更新（图5-19）。

　　如今，红旗瓷厂一期工程正在进行中，利用锯齿形厂房中间节奏变化的地方设计的方圆匣钵，将成为老瓷厂新的亮点，让城市居民对瓷厂的改造充满了期待。图5-20所示为正在建设中的二期工程效果图。

图5-19　分成十几期的整个区域规划
（中国院团队绘制）

图5-20　正在更新改造中的二期厂房
（中国院团队绘制）

5.5.7　再续百年

德化是一座小城，没有大资金，也没有大手笔，通过城市界面的不断渗透与
修复，逐步实现城市生活空间品质的提升，通过细腻、人性化的设计逐步恢复一
个又一个南方小城的生活场景。如今老盾、老厂房、老树都最大限度地保留下
来，水塘、老红砖、木构建筑也有了新的姿态，祖龙宫依旧香火旺盛，亨鲤堂仍
然端坐树下……风景还是那个风景，改变的是人们的生活。荒芜变成了孩子们嬉
戏的乐园（图5-21），割裂空间变成了老人们聚会的场地，还有一条绕来绕去的
路，竟是通往一个叫作红旗瓷厂的、承载无数人乡愁和青春记忆的桃花源……

图5-21　改造好的小花园成了孩子嬉戏的地方
（向刚摄，2021年）

案例小结

- **护山留绿，不伐一木**

  存量更新过程中，最大的财富是山水林木，只能增加，不能破坏！

- **做善于消隐的建筑**

  要理顺问题，建筑可以以最简单、最谦虚的姿态消隐。

- **有序更新，渐进改造**

  存量不是一年、两年形成的，更新自然也不是一蹴而就的。

- **更新是一种渗透**

  更新可以从一个很小的起点开始，然后一点点带动周边，带动全部。这种渗透的力量是强大的、潜移默化的，因为除了物质空间在渐渐改变，文化和思想也在改变，后者是更强大的！

第 6 章

工程报告：
实际工程的总结

- 推行全面的"四有"更新（有权、有人、有钱、有用）

  权属清晰，主体明确，资金到位，目标既定。

- **量力而行的更新目标**

  应急的抢救式安全改造，完善的计划性全面改造，分步的持续性更新改造。

- **改造贵还是拆除新建贵**

  要从文化述求和长远利益两方面评判：改造首先贵在本底基础不好（无维护、无更新），其次贵在市场不足（缺乏关键技术和材料）。

- **轻量化设计的两个重点方向**

  轻量化表皮研究和轻量化框架研究。

- **存量的时间效应**

  无维护的时间越长越差，无更新的时间越久越难。

- **更新在于创新而不是修旧如旧**

  我们的时代，我们的创造，我们的印记！

6.1 实际存量更新工程的类型

在我们可以进行的存量更新项目中，对于存量建筑，大约有三种情况：计划性地全面改造，抢救式地安全改造，延续性地更新改造。

6.1.1 有计划的全面更新（"四有"更新）

有计划的全面更新是最理想的改造方式，也就是事先有了计划，有了新的业主或运营维护单位，根据业主的需要进行全面的、合理的、有计划的改造更新。这也是最符合各方利益、最切实际的更新方式。

有计划的全面更新有四个重要的衡量标志：首先要权属清晰，其次要主体明确，再次要资金到位，最后要目标既定。以一个诙谐的说法来概括，就是要"四有"才能更新，即有权、有人、有钱、有用。

1）有权——权属清晰

更新的前提是得有相应的权限才能更新，也就是要合法合规地更新。

存量建筑更新涉及的权属包括土地权属和房屋权属，权属又分为所有权和使用权。首先谈土地权属，我国《宪法》第十条规定，城市的土地属于国家所有。农村和城市郊区的土地，除由法律规定属于国家所有的以外，属于集体所有；宅基地和自留地、自留山，也属于集体所有……土地的使用权可以依照法律的规定转让。《土地管理法实施条例》规定土地使用权可以通过划拨和有偿两种方式取得，国有土地有偿使用的方式包括：国有土地使用权出让、国有土地租赁、国有土地使用权作价出资或者入股。

可以看出，我国存量更新过程中，土地权属清晰，主要是看土地的使用权归属、租期剩余时长及使用权证的时效情况。实际项目中，存量更新经常遇到收回土地使用权的情况，也就是原土地使用权拥有者未能有效发挥土地的价值和作用。

其次再看房屋权属，根据我国《民法典》第二百四十条规定，所有权人对自己的不动产或者动产，依法享有占有、使用、收益和处分的权利。也就是说房屋主要看所有权，使用权只是所有权的一部分，仅有房屋使用权是不能进行更新改造的。同时，《民法典》也规定了国家机关、事业单位、国家所有文物（文保单位）、军事设施等法律规定属于国家所有。另外，也明确指出，为了公共利益的需要，依照法律规定的权限和程序可以征收集体所有的土地和组织、个人的房屋以及其他不动产。

综上所述，我国存量更新过程中，房屋权属清晰，主要是看房屋的所有权归属、业主的诉求或者拆迁征收的情况。实际项目中，房屋所有权往往比较复杂，存在共同所有、一栋建筑产权划分复杂的情况，这也是老旧小区、社区或村庄更新的困难所在。

具有合法的土地使用权和房屋所有权，是存量建筑更新的前提条件。

2）有人——主体明确

这里谈到的主体包括建设主体和运营主体。建设主体也就是业主、建设方或者专业的投资方，也就是对更新的投资、建设负责的主体单位。由于投资建设属于市场行为，所以一般由企业、个人或组织作为建设主体。实际项目中投资方可能有多个、多种渠道，但是建设主体一般只有一个，所以经常由多个投资方按投资比例成立一个新的公司作为建设主体。

运营主体也就是更新后的运营团队，往往由建设主体选定，按比例分配利益，有些项目也会由建设方自己运营或合股运营。因此选择成熟的建设主体相对更加重要，也是项目成功的关键。

具有基于市场机制的可靠的建设主体，是存量更新的根本条件。

3）有钱——资金到位

一切建设活动都绕不开资金的问题，资金也是存量更新的必要条件。在获取资金之前，制订好的策划、准确的市场分析至关重要。在当前很难靠提高容积率获取利益的前提下，提高品质和提高创新性便显得非常重要。增加设计附加值、增加创新附加值、增加环境附加值等方面的收益，是存量更新下一阶段的研究重点。

4）有用——目标既定

存量更新的目标是使得旧的城乡空间变得有用、有价值，这也是推动更新的核心动力。切莫为了更新而更新，或者为了面子而更新。有些地方嫌弃老破小不好看、城中村不好看，就主观地推动更新计划。这个过程中，无奈参与的建设主体很为难，被骚扰的居民也很反感，完全是吃力不讨好的状态，同时也浪费了很多资金，造成社会公共资源分配不公平。

城乡中不同区位有不同区位的价值，不同区位所承担的义务、权利和享有社会资源的便利性都是不同的。不能简单地用一个标准去衡量，而需要在文化认识与市场规律的双重作用下形成自主更新的格局，因价值目标而更新，因生活理想而更新。

6.1.2 抢救式的安全改造

相对于有计划的全面更新，在资金不足、目标不定的情况下，对于空置半年以上无人使用，无投资意向，且继续无人使用，但权属清晰、主题明确的存量建筑，可以以较为经济的加固支撑方式保证其不受过度毁坏。其中有几个重点环节：首先应加固支撑体系，确保建筑墙体不倒；其次在墙体和承重体系顶部采取适当的防水改造措施，减少顶部雨水风沙侵蚀；最后在地面、墙角等位置敷设灰土、白灰、干燥细砂石等简易材料，以减少动、植物的破坏。有条件的，可以用砖石整修地面，从而保护建筑基础和组织场地排水。如图6-1所示为用旧石头铺砌的地面。

抢救式的安全改造非常重要，为以后能够进行全面更新提供了必要的基础和支撑。这部分工作几乎没有利润，看起来似乎也没成就什么业绩，但却是一个临界边缘、不可逆的过程，也是很多重要建筑、乡愁文化得以保留的最后机会，需要社会各界的广泛关注。

图6-1 利用旧石料铺砌的老房子地面
（笔者摄影，2020年，石城）

6.1.3　延续型的更新改造

除了有计划的全面更新，在资金不足的情况下，也可以分阶段地进行延续型更新改造，这是最为普遍的情况。这类改造通常业主维持不变，而业主的经济能力有限，可能需要社会资本介入或者财政帮扶，在安全性改造的基础上，进行一定程度的品质提升改造，投入成本也介于上述两种情况之间。

事实上，一座城市或乡村全面进入延续型的更新改造便是进入了理想状态，业主持续地对自己的房屋、周边的空间环境进行不断的优化和提升，使之不断地平滑运行，我们的人居环境便进入了最佳、最稳定的状态，而不是靠大刀阔斧的改造或者濒临灭绝时的抢救。

6.1.4　量力而行

实际上存量更新过程主要分为四个方面的内容或阶段，即功能策划—安全加固—品质提升—运营维护。这个过程是基于有计划地全面改造的过程，与其他两种改造的对应关系如图6-2所示。

实线是强连接，灰色是有可能的连接，可以看出安全加固几乎是必选项，运营维护是基本选项，而功能策划和品质提升是可选项，具体的选择要因地制宜、适当评估。业主或其他主体在进行更新时，应当量力而行，不可因好大喜功、追求全面而导致集体或财税负担的增加。应当结合实际环境和项目综合比较，选择最为适宜的更新模式和技术策略。

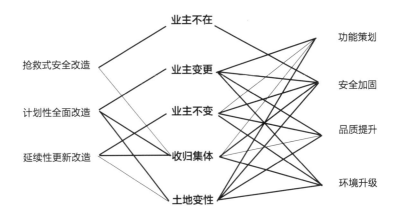

图6-2　不同情况下的存量更新内容
（笔者自绘）

6.2 实际的社会经济效益分析

在城乡存量更新研究过程中，我们对20多个实际的存量更新项目进行了造价分析和社会效益评估。

6.2.1 经济性分析

从经济角度看，单个建筑更新的成本是同等规模新建项目的2倍以上，少数项目可达到了3倍以上。显然，拆除重建可以暂时性地更加经济。但是，拆除垃圾在拆毁、运输、倾倒和掩埋过程中产生的消耗和日后的隐患，暂时无法进行经济估算。

另外，更新项目在不同地区、不同市场环境成本差距很大。一般就同一地区的单位面积的更新造价和新建造价比值来看，发达地区往往高于欠发达地区。其原因主要有两点：一是发达地区的人工成本往往比较高，而更新项目比新建项目在人工成本上要增加很多；二是发达地区的管理更加精细化，制度更加规范化，因此在满足安全和消防等要求的过程中付出的成本也比较高。

6.2.2 社会性分析

从社会价值看，更新类项目的社会评价明显好于重建类项目。特别是一些记录人们生活的建筑，将其保留往往会获得大多数人的社会认同，而新建建筑很难得到比较一致的社会认同。

从对使用人群的回访和调查中可以发现，往往新住民比老住民更加喜欢更新项目。原因在于新住民更加希望快速地了解新环境的历史人文情况，同时，他们也更加看重更新区域良好的更新机制和文化氛围，有利于地块价值的增值和更好、更稳定的上升空间。

6.2.3 综合研判

当前主要进行更新的建筑中有很多已经超过50年，依据我国民用建筑的标准，已超出使用期限。同时，这些建筑由于受当时经济条件的制约，建设品质不高，也造成了当前加固难度大、成本高的问题。因此，目前改造成本难以控制主要基于存量房屋的质量缺陷和加固市场的供应不足，这两个问题不解决只会进入恶性循环，即存量越来越差，市场越来越依赖于新建市场。

存量更新的经济成本控制有赖于存量更新市场的壮大、加固技术的成熟、修补结构及材料性价比的提高。很显然，存量更新的市场基数比较大，而且还在不断地增加，随着新建市场的逐步饱和，更新业务量的占比也将逐步提升。随着时间的推移，很多存量建筑可能逐步进入第二次、第三次的更新状态，而既有建筑及其更新过程的技术文件归档也将日益趋于完善，那时，更新的成本就会更加可控，质量也会更加稳定。

6.3 存量建筑更新的时空思考

存量建筑更新是关于时空的命题，也是在特定的时间，对现有空间的更新与梳理。因此，其具备一个关键的时间属性，即建筑存量积累的时间，以及一个空间问题，即梳理和改善原有的空间关系，提升空间品质。

6.3.1 存量的时间效应

在经济学中，存量是资本存在于特定瞬间的数量[1]，相对于增量和流量的概念，其特点是没有时间维度的限制。这一解释源于英文单词"stock"，意为库存、存货、股票、储备物等，具有固定价值。建筑学理解的存量是指已经建设完成的、可以使用的建筑，应该译为"existing buildings"，也就是LEED[2]评价体系中的EB标准，针对存在两年以上的建筑。

存量建筑与时间有着直接的关系。理论上，时间越长、维护不佳的存量建筑更新的难度越大。这里存在两个关键的时间因素：第一，没有维护的时间；第二，没有更新的时间。这两个时间越长，则更新付出的代价越大。就好比一辆车，既没有定期保养，也长期不维修，最后就只能废弃了。

因此，我们前面提到两个概念：一是长期、定期物业维护的重要性，二是关键时间抢救式的安全改造。把所有存量建筑都积累到不得不修的时候再更新，是代价很大的做法。事实上，我们遇到的实际工程项目中大部分都是处于不得不修的状态，甚至很多建筑和构件已经到了不得不拆除重构的状态。

---

① 欧文·费雪. 资本和收入的性质［M］. 北京：商务印书馆，2018.
② 2004年，美国绿色建筑评价体系（LEED）兼顾到既有建筑在绿色建筑发展中的重大占比，发布LEED-EB2.1，针对既有建筑的改造和运营进行绿色建筑评估。

图6-3 小桃源中不同时期的建造
（笔者自摄，2022年，昆山）

6.3.2 更新的空间挑战

无论是城区、街区、乡村，还是一栋建筑单体，更新建造的过程莫过于空间的重构和优化，但所有的现状空间都是限制性的、既存的、充满不确定性的。更新的目的在于理顺困境，让各个空间更好地服务生活，所以更新属于基于需求的空间改造，而非单纯的保护。过度地受制于既有空间而不进行创造性的改造和优化不是更新，只能成为历史保护，不属于我们今天讨论的范畴。我们调研过很多更新项目，不动一毫、修旧如旧的项目也不乏少数，这样的更新感觉上是不求有功，但求无过，但实际上已经犯了个过错——这个过错在于没有为更新注入我们时代的信息，这也是错误的。更新就像一棵参天大树，枝繁叶茂，生机勃勃，那种魅力在于各个时期的新芽旧叶，还有那粗壮的身体里，每个时代都不曾缺席的年轮……

如图6-16所示的江苏昆山小桃源更新中，保留的水塔、老房、水池、树木与新做的屋顶、园圃共同组成一个继往开来、不断更新的时空画面。

6.4 轻量化改造更新设计思考

　　轻建筑或者说建筑轻量化设计，是一种适合在存量更新中使用，并适合再次被更新的建筑形式和设计理念。轻建筑具有轻影响、轻干扰，易施工、易拆卸，可循环、可再生的特点。同时，其地震危险性低，日后的养护和修缮成本也比较低。如果简单地去看待一个建筑，实际上就是内部的骨架和外部的表皮，好比一个帐篷，给人们提供了最简单的庇护。因此，轻量化设计最关注的便是轻量化的表皮和轻量化的框架。

6.4.1 轻表皮、轻维护设计

　　建筑表皮也是建筑的外围护结构，是建筑室内、外分隔的关键部分。历史上的建筑大多采取土、木、砖、瓦、石作为围护结构，当今的建筑大量使用混凝土、砌块和幕墙来作为围护结构。以往的围护结构普遍比较厚重，因为厚重的结构不仅稳定性好，也兼顾保温隔热、防风防水等物理性能。近年来，随着科学技术的发展，很多轻量化的材料进入人们的视野，比如亚克力、竹钢、碳纤维、纤维纸板、稻草板等材料，这些材料往往兼具良好的物理性能和较轻的自重。但是也由于其自身较轻，往往不能独立承重，需要单独设置承重体系。实际上，近现代建筑已经大量地采用独立的承重框架，无论表皮轻重。

　　例如北京亚运村安苑里社区服务中心的改造过程中，采用了轻量化的建筑表皮设计方法，结合廉价的铝合金门窗系统共同构筑了造价合理的表皮体系，同时也形成了比较特殊的建筑立面效果（图6-4）。

6.4.2 轻结构、轻框架设计

　　轻结构设计主要是以结构构件的优化、减少、减轻作为设计目标。通常情况下，剪力墙很难作轻量化的优化。因此，轻量化结构设计的重点是针对框架体系、拉锁体系、桁架网架等以杆件受拉或受压的设计。其中，最主要、最常用的便是框架体系。

　　框架体系是当前广泛应用的建筑承重体系，如何让框架更轻、更细、更易于建设施工，是现代建筑发展的主要发展方向。近年来大量采用的钢结构建筑，便是基于轻量化设计的结构体系。当代工业设计产品，如汽车、飞机、舰船，甚至航天飞机和太空空间站，都是采用框架体系作为支撑，然后附着轻量化的表皮而制作完成。建筑未来的发展趋势也必将是轻量化的骨架结合轻量化的表皮。

例如在江苏昆山巴城老街电影院更新改造设计当中，采用了钢框架体系作为内部支撑，通过内部框架的安全性和良好的稳定性来确保整个项目的结构安全（图6-5）。

图6-4 亚运村安苑里社区中心
（笔者自摄，2022年，北京）

图6-5 巴城影剧院的置入钢框架
（笔者自摄，2018年，昆山）

6.4.3 轻干扰、轻介入设计

轻量化设计的核心目的在于减少在更新过程中对于现有环境、现有建筑、现有空间关系的干扰和破坏。因此，无论是轻量化的表皮、围护结构设计，还是轻量化的结构、框架设计，其核心目标都是最小的扰动。

在进行轻量化设计改造的时候，应该特别关注减少大型机械和设备的使用，减少长途运输，避免使用过多的外地材料，尽量使用当地材料及当地厂家的产品，从而实现在运输和建造过程中的低碳排放。

轻干扰还表现在对环境破坏的减少，包括场地上的树木、水体、山体，最大限度地保护原有树木、植被、山水资源，是轻干扰设计的关键内容。

6.5 轻表皮更新案例：冬奥之家，冰晶小屋

1990年，北京亚运会的成功举办让世界看到一个开放包容、欣欣向荣的中国，同时也开启了一个快速建设的大时代。三十多年过去了，北京经历了亚运会、2008年奥运会和2022年冬奥会，场馆及相关的大规模建设也不断地向北、向外迁移，从三环路、四环路到五环路，再到延庆，到河北张家口张北县……新城、新村大量建成的同时，老城内土地价值激增，人口结构变化，遗留问题盘根错节，使得存量更新的难度也不断地加大。在资金回报有限的前提下，如何以低造价、轻量化、易实施或者装置化的方式进行周期短、见效快的小微更新的改造，是当今存量更新时代建筑师不得不面对的课题。

6.5.1 三十年沉浮

北京亚运村街道亲历了中国建设大潮的三十年，这里可以眺望三十多年前展示亚洲雄风的奥体中心，十几年前彰显大国风采的鸟巢、水立方。这里的房子从单位分房到几千元每平方米，如今变成了十几万元每平方米，珍贵的土地价值和日积月累的社会问题，让城市发展只能见缝插针，老城更新变得难上加难。

时下的亚运村街道，建筑已经染尘，环境已经陈杂，街面已经沉寂，昔日的万众瞩目终归于平淡，今日的品质生活还需改善（图6-6）。但是资金有限、条件复杂、矛盾纷繁，如何解题，怎样破题？亚运村作为中国改革开放的桥头堡，没有太多经验可以复制和借鉴，只能大胆地尝试与探索。

图6-6　改造以前的街角
（笔者自摄，2021年）

6.5.2　与民谋福

北京亚运村街道安苑里社区居委会项目中，街道干部与责任规划师经过多轮沟通与研究，决定找寻一个启动点来激活老旧的街区，赋予城市新的能量。经过多方调查与统计，发现位于安定路与安苑路口的已经弃置的奔驰展厅可以作为启动点。这个位置面向奥体中心（图6-7），可远眺鸟巢和水立方，是一个非常重要的城市节点，这座闲置已久的奔驰展厅也见证了当年亚运村的卓越与辉煌。

那么，什么样的功能才能与这样的位置相匹配？什么样的建筑才能支撑这样的前锋地段？在坚持存量更新、不搞大拆大建的原则下，大家共同决定用一座新型的社区中心兼顾安苑里居委会功能，将这个街角还给城市，为社区、为人民服务。

新的公共建筑将以低造价、轻介入、易施工的方式实现街角的华丽转身。这里不再是传统的、门脸房式的、窗口大厅的街道办事处，而是让老百姓能走进来、看得见、乐参与的新时代社区生活中心（图6-8）！

　　保持开放性、公众性、时代性，是北京整体城市更新发展赋予这个街角的历史使命，将政府职能的末梢功能深深地植入到这个开发的社区建筑中，促进融合与发展，不忘初心！

图6-7　残破的屋顶与对面的奥体中心、国家体育场
（笔者自摄，2021年）

图6-8　调查与功能策划
（笔者自绘）

6.5.3 立足存量

旧有的奔驰展厅立面用的是当年盛行的铝板幕墙，如今大多已经开裂，窗下墙体很多地方已经漏风。房屋东侧和南侧与相邻建筑紧贴，很多地方还是借用邻居的外墙封堵，漏水和构造问题凸显。开裂的玻璃也给下面的街区行人造成了一定的安全隐患（图6-9）。

尽管街道方面积极争取，实到的资金却非常有限。这个项目的造价仅为常规项目的一半左右。土建费用比北京市普通住宅项目还低百分之二三十，内装费用比一般的家装还要少。在进行多方案比较的过程中，我们强调用轻建筑的方式来改造这个房子（图6-10）。建筑轻，则结构省；建筑轻，则施工易；建筑轻，则

图6-9 改造前残破的墙面
（笔者自摄，2021年）

图6-10 轻巧可逆的施工过程
（笔者自摄，2022年）

运维简。整个设计必须充分利用原有结构，减少改动，尽量使用原有的卫生间和楼梯，同时避免使用幕墙，尽量采用相对便宜的门窗系统，尽量采用便宜而又易于维护的内装部品。

最终，在街道干部、居委会、社区代表的共同讨论下，冰晶盒子的方案——"飘雪的2022"得到了大家的一致认可。这个方案利用低成本的有机玻璃块砌筑与吊挂的方式，完美地回避了幕墙系统，节约了大量的开支。同时也大大简化了施工的难度，几乎不需要任何重型机械，仅仅以轻钢脚手架和人工安装的方式实现了整个安装过程。当设计团队对冰晶盒子的立面不满意时，施工单位仅仅用了两天就完成了立面的重组！

6.5.4 冰砖雪影

项目的核心要素是小小的"冰砖"，用有机玻璃做成的六面体，非常轻盈。在施工单位和业主的大力支持下，项目团队先后研究了十几种样块，做了大量的样板墙，设计团队就其轻量化、密封性、透明度作了多次分析和比较，最终确定了5种透明块在项目中以穿筋的方式进行组装（图6-11、图6-12）。

图6-11 冰砖的淋水测试
（笔者自摄，2022年）

图6-12 冰晶雪影的轻盈小屋
（向刚摄，2022年）

砖的原型来自于北京的历史，无论是紫禁城还是四合院，砖都是其中一项基本的构成单元。而为此项目研发的水晶砖，利用了砖的构造方式，又兼具轻盈、干作业、易施工的特点，以全新的方式展示京城的坚挺与清爽。

同时，亚运村的2022年，这个不平凡的时间将永远定格在这里，让人们铭记三十年来这个街区的人民对于中国体育走向世界的坚定支撑！也是在这一年，街区开启了以点带面的社区更新之路！

数千块冰砖和雪砖，从天空中飘落，落在用不锈钢制作的《2022》雕塑上，形成了"飘雪的2022"！而2022四个数字也支撑起了这个建筑的门洞，人们通过2022，走进2022，开启新时代的美好生活！

6.5.5 时代社区

塑造一个全新的社区中心和居委会形象，充分展现时代特征，我们首先想到的是开发与包容。因此，在平面设计的每一个细节，无不关注开放性与多样性。

原来的建筑一层围护结构紧贴柱子，二层向外挑出2米左右，形成了廊下灰空间。这个灰空间也是当年建筑对城市的最大贡献，提供了遮风避雨的公共功能，也正是这一点让步，让展厅可以为更多的人看到。如今，这个建筑将作为更加开放的城市客厅，在现有的基础上，退让更多更有趣味的空间给城市（图6-13），让人们感受到更多社区的关怀与包容，这也是本次改造在平面上最大的改变。

走进"2022"，你便进入了这个建筑，一层是开放的大厅，透明的圆曲玻璃将室内外融合在一起。进入大门，右手边是社区接待与导览台。正对着的是旋转的木门，闭合时形成走廊，开启时成为社区展板与宣传栏。左手边是开敞的大厅，"2022"的"0"对着街角，也形成了"0舞台"，社区居民可以在此议事、宣讲，也可以表演节目。当然，这些节目外面的路人都可以看到，亦可加入进来。在最里面是图书角，小朋友们可以在此看书、学习。

利用原有楼梯改造的楼梯步入二层，便进入一个雪白的世界，这里营造了一间会议室和一间公共活动的多功能厅（图6-14）。从多功能厅看出去，是"0"的上方，如同东南向升起的太阳，让社区每天都彰显着希望！

图6-13　还给城市更多的廊下空间
（笔者自摄，2022年）

图6-14 社区活动中心的活动空间
（笔者自摄，2022年）

6.5.6 谨小省微

中国城市进入存量发展时代，大拆大建不仅已经成为过去，那个时代给城市发展和社会生活带来的物理损伤也得到越来越多的反思。原有尺度和肌理的丧失显然无法用新的形态或设计语言进行弥补，更重要的是其间隐含的社会关系与生长结构的破坏，更加不是用简单的形象能够恢复的。因此，应将城市视为有机的生命，对其进行轻微、细致的修复，慢慢进行调理，而不能够简单地以"切肝换肾"的方式大刀阔斧地进行更新。事实上，走向精细化发展的中国，很多城市也没有财力再做如此的大手术！"微创""理疗""针灸"等更加轻微、细小的更新方式受到越来越多的认可与青睐。这个时代的城市更新，需要的是落实"谨小省微"，而绝不是轰轰烈烈的大干快进。

之所以以"谨"开头，因为态度永远是第一位的，对城市的态度决定了价值观和立场，而"谨"字则代表了对城市原有生活的尊重、敬畏、细致与体贴，从"谨"开始，思考每个角落应有的发展和最佳的理顺方式。"小"限定了规模，也是"省"与"微"成立的前提。"省"便是省钱，低造价。"谨""小""省"也是我们提倡轻建筑的出发点，尽可能地轻量化或装置化，也是从建筑的角度去思

考城市更新的一种尝试，从而以最低代价和最小副作用实现城市更新。最后的
"微"，是对前面工作的评估：希望所做的更新和改造对原有肌理的影响或伤害
最轻微。最好具备可逆性，适用于城市更新，可以快速地取消（UNDO）或重做
（REDO）。同时，也限定了即便是失误的影响力，不足以产生结构性、社会性的
破坏。如图6-15所示的街角改造前后比对照片，不到一年时间便完成了这座小
轻建筑，改善了城市环境。

2021年1月22日

2022年1月28日

图6-15 更新前后对比
（笔者自摄）

6.5.7 共建家园

无论是业主、设计方还是施工方都以极大的热情投入到这个项目中。施工单位李经理在谈及这个项目时，说道："在北京干了不少街道住区的更新项目，这个是最有挑战、最有难度，也是最精彩的一个，就算赔钱，也要干下去！"是的，无论是业主、施工方，还是设计团队，都把这个项目当作一种情怀，一种对北京的情怀，一种对家的情怀！在工期紧、资金少、施工经常被各种活动事件打断的情况下，各方共同努力将项目做到尽善尽美。我们并没有因为低造价就降低要求，外墙、灯带、暖气片等的施工都被叫停，反复施工了好几遍。设计单位、责任规划师团队、街道干部、居委会工作人员，多次到现场协调商榷（图6-16），街道干部、设计师、施工方现场解决问题。

中国院团队的设计师们靠着上班多绕路、下班多走一小时的方式，不停地去工地"打扰"，去社区了解需要，争取让很多听起来难以实现的要求得到落实。居委会期待办公空间越大越好，而新时代社区中心希望一岗多能、办公面积最小化。因此，在设计过程中，实现多个功能之间的灵活转换，是很重要的方式和策略。不论是一层还是二层，最大面积的灵活的多功能空间是项目的灵魂所在。就

图6-16 街道干部、设计师、施工方现场解决问题
（郑传颖摄，2022年）

图6-17　冬奥之家——城市的建筑
（笔者自摄，2022年）

这样，在各个方面的共同努力下，一个麻雀虽小、但五脏俱全的新时代社区中心矗立在了亚运村街道最显眼的位置，也开启了这个时代关于存量建筑、旧城更新的一些思考。

2021年8月开工，2022年1月结束，不到半年的时间，这座小房子在大家的积极努力下建成了，每天晚上散发着绚丽的光芒。很多人惊叹老旧奔驰展厅的前世与今生。建设过程中，很多路过的人停下脚步仰视拍照，也有很多人猜测这是个什么建筑。有人说可能是个美术馆，有人猜是艺术展厅，有人说应该是高科技的旗舰店……总之，一定是老百姓可以自由进出、享受其中的建筑，一座可以称之为家的建筑（图6-17）！

案例小结

- **建筑轻，则结构省；建筑轻，则施工易；建筑轻，则运维简**
  建筑轻量化，可节约造价，节约时间，节约设备，节约维护成本。

- **重要的位置可以留给公共服务功能**
  因价值过高而难以平衡的位置不如留给无价的公共服务职能。
- **身居要位，就要共享**
  处在重要的城市节点，要考虑对人的关怀，提供庇护或开放包容。
- **存量更新的四字原则——谨小省微**
  谨：须谨慎，要细致；
  小：小规模，渐进式；
  省：低造价，低消耗；
  微：动作轻，影响小。

6.6 轻框架更新案例：轻钢框架，残房新生

安徽绩溪尚村韶光艺廊及晒谷亭项目中，尚村位于安徽省宣城市绩溪县家朋乡，是国家级传统村落、全国乡村旅游重点村，也是徽派建筑爱好者为之神往的摄影基地。然而虽有峻山美景，无奈山高路远，村庄日益衰弱，空心化严重，大量精美的传统建筑得不到及时的修缮，损坏严重。

6.6.1 艺术唤醒

以艺术介入乡村、创意植入乡村的系列活动在此开展，以激发乡村活力，为岌岌可危的老房子注入新的生命和活力，尝试探索一种偏远传统村落复兴的重要途径。为此，设计团队开展了大量的创意植入工作，在几乎没有援助资金的情况下，通过村民共建、共同缔造、多方参与的形式开展了大量的社会实践和艺术活动。如图6-18所示为在建筑师的带领下，村民共同搭建的村口小帽廊。

为了给艺术家一定的活动场所，吸引更多有创意的艺术家、设计师介入尚村，设计团队决定在残损的破房子上建设两座小房子——韶光艺廊（Model 1）和晒谷亭（Model 2）。前者用于展示摄影师或艺术家的作品，兼作开会交流之所；后者用于收藏作品和记录村中史事。

6.6.2 超低预算

每栋房子的造价控制在10万元以内，并且由于山高路远，不能使用重大机

图6-18　组织大家共同的艺术搭建
（笔者自摄，2019年）

械，不能依赖现代设备，要适合村民和工人手工建造。材料要易于清理维护，运
维成本要降至最低。同时，要兼顾传统村落形态，不能破坏乡村风貌。于是，我
们着手考虑如何以最轻的方式进行介入。

6.6.3　韶光艺廊

韶光，语出《与慧琰法师书》，指代美好的拾光。韶光艺廊指能够记录美好
拾光的艺术走廊，选址位于尚村竹棚、U形走廊和老宅油坊之间。可谓在众多老
房子之间，其仅有一个短边朝外。这里建设新屋，最大的难度来自于周边的不稳
定性，如何有效地抵抗两边老墙的水平推力，同时在夹缝中形成良好的刚度，是
建筑师必须要解决的问题，如图6-19所示的植入体。

因此，我们选择了一个安全核结构体系。该体系在地面上几乎不生根，完全
通过1米间隔的、尺寸仅仅50毫米的方形钢形成一个密柱密梁的整体，形态上支
撑起传统建筑的屋面。路径与楼梯处适当地减少支撑，形成1米宽、2米高的通行
空间。钢构框架整体性良好，如同一个安全舱，植入老旧民居当中。

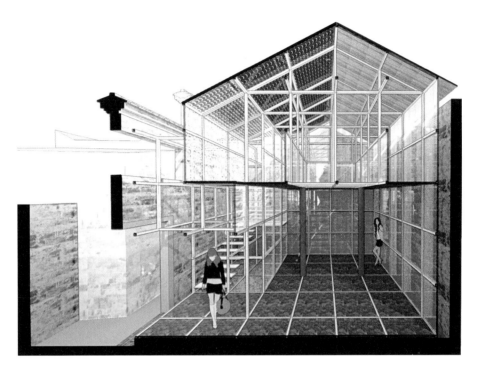

图6-19　夹在老墙之间的艺术走廊
（中国院团队绘制）

为了节能，建筑为半封闭空间，开口朝向经过民居的U形外廊的位置，利用冬暖夏凉的过堂风给艺廊降温或升温。屋顶采用金属外遮阳，防止夏季阳光直射。围护结构采用中空阳光板，具备良好的保温隔热性能。同时，将村民手工编织的竹编、竹艺材料加入阳光板之间，形成良好的遮阳效果（图6-20）。

同样是徽派民居四水归堂的空间，建筑内部形成很小的井院。这些小院中依旧是土壤，可以种植竹木和花花草草，形成房中有绿、芳草青青的内部空间。步入室内，分上下两层：上层为环廊，基本上由屋顶结构吊挂；下层在原先的柱础位置保留了四根木柱，形成对往昔空间的品味和怀念。

由于结构和围护都过于单纯，装灯和布线是个难题，于是我们想起了"凿壁偷光"的典故。既然自己家没灯，便可以在别人家墙上装灯，于是整个建筑的照明都装在隔壁墙上，自身通透的材料形成了"灯罩"。

为了降低屋面荷载，艺廊屋顶采取定制的穿孔金属板，镂空形状有点像筒瓦之形，而光线经过穿孔板和阳光板的透射及折射，形成了斑驳陆离的效果，也是建筑师关于"韶光"的理解和阐释（图6-21、图6-22）。

图6-20　竹编与阳光板
（笔者自摄，2021年）

图6-21　充满韶光的室内效果
（笔者自摄，2021年）

图6-22　老墙里的金属屋面
（笔者自摄，2021年）

6.6.4　积谷自治

历史悠久的尚村，在很早的时候就自发形成了名曰"积谷会"的民间组织。积谷会类似古代的保险公司，就是村民们将各自家中富余的谷子集中在一起，统一保管和管理，一旦乡村出现灾患，便将谷子拿出来分与大家，共渡难关。积谷会在乡村自治中发挥着重要的作用，也是村民的组织者。

6.6.5　晒谷小亭

晒谷亭取积谷会之意，各家和各个艺术家的作品可以会集于此，在这里集聚艺术和文化的力量，为乡村的发展蓄力。

晒谷亭与艺廊选址不同，周边相对开敞，不需要抵抗侧向力，屋面相对也小，为了织补乡村肌理，采用了小青瓦屋面，也就有了一定的重量。另外，为了节约成本和材料，晒谷亭也得采用和艺廊一样的结构形式，于是如何承载竖向荷

图6-23 晒谷亭的中心支撑筒
（笔者自摄，2021年）

载是晒谷亭必须解决的问题。

晒谷亭面积很小，不能形成多排密柱，为了加强竖向承重，在晒谷亭中心植入白色的金属格架，形成了一个金属筒体（图6-23），增加了结构的刚度，同时也为筒瓦屋面的屋脊提供了支撑。

利用金属书架，晒谷亭中间形成一个光庭，也是局部2层的空间。这里可以取天光，增加室内的干热程度，为保存一些作品和书籍提供了物理条件。竖向联系就是一个很陡的木楼梯，上去的感觉有点像藏经阁。周边的村居在阳光板的映衬下变得十分朦胧。

晒谷亭本应是晒谷之地，因此我们用不同色彩的小珠子寓意谷子，加在阳光板里，让单调的阳光板产生一些色彩变化，也给以黑白灰为主的徽州古村落平添一丝色彩（图6-24）。

图6-24　晒谷亭的鸟瞰
（笔者自摄，2021年）

6.6.6　无害构建

轻钢植入实验，与其说是建筑，更加像是装置；与其说是重建，更加像是填补。不需要很高的造价，不需要大量的施工，基本上都是干作业，提供一些临时性、实验性的空间体验。这种较轻的介入提供了一种可以替代和更换的可能性，提供一种对环境基本无害的建构方式。其意义更像是一组脚手架，或者古建保护装置，在将来有更多资金介入时，释放更多的可能性。整个建筑采用金属、木头、轻质阳光板及竹编草席等，这些材料可以方便地回收再利用，而且易于更换和维修，连一块会破碎的玻璃也没有，如图6-25所示。

图6-25　朦胧的尚村晒谷亭小阁楼
（笔者自摄，2021年）

案例小结

- **最简构筑安全内核**

  建筑最基本的要求是安全，解决问题的方式也可以基于安全。

- **重点关注施工难度**

  更新难度包括可操作性、实施难度、运输难度、设备安装难度。

- **轻量化体系符合装配式逻辑**

  轻量化的方法在于拆整为零，拆大化小，减小施工运输难度，到现场后可依据装配式建筑的
  逻辑进行组装。

- **强调无害构建**

  无害的概念在于存在或取消都没有产生影响，无害的建筑或结构意为其增加或取消对原来的
  环境或场所都没有破坏和干扰。

写在最后

我喜欢在城市里穿梭，在乡村里游走，记录那些已经颓废的，但依旧美丽的，或者说至少在我看来还是美丽的建筑。也常常尝试去拯救这些建筑，所以很多朋友们调侃我是"拾破烂儿的"。对此，我乐此不疲。

新中国成立以来，在中国城乡发展的道路上，很多地方是以厂子或者企事业单位的大院儿开始的，逐步形成了工作区、家属区、配套区……慢慢地积累成了今天的存量建筑——这是我们国家的历史。但是产业是个多变的事儿，随着技术的发展和市场需求的变化，很快产业就变了，于是在城乡当中便留下了许多失去功能的厂区、单位大院儿……我们常常被这些建筑的尺度、规模和年代感所震撼。这可能有点像当代建筑师的悲哀——在当时的建筑设计者来看，这不过就是最真实、最简单的需要而已。

近些年来，很多影视作品喜欢拍20世纪七八十年代的故事，比如《芳华》《你好，李焕英》《人世间》……影片中那些大厂、大院儿给人们留下了深刻印象，也产生了深深的共鸣。可是，这样的场景现实中还有多少呢？或许人们不想回到过去，但总得保留一丝捕捉昔日光景的机会，至少证明我们曾经经历过和拥有过这样一段历史。

存量更新设计的本质是为生活更美好而设计，这个过程就是个捋顺矛盾的工作：原本不顺的流线顺了，原本不便的环节打通了，原本不好的角落变好了……可是需要捋顺的内容实在太多了，因此存量更新是一项浩如烟海的工作。在这个纷繁杂乱的世界里，或许消除杂乱的过程根本不及新的杂乱来得更快。很多人像愚公移山一样不停地在消除着……就好像在大雪纷飞的清晨，一些人在不停地扫雪，这里刚刚扫过，新的雪花又落了下来……城市更新便是这样的事情，人们要做的，就是在对的方向上坚持！

房子总会变旧，需求总会变高，积怨总会变多，就像天空中无穷无尽的雪花，一层一层地飘落，不断地覆盖着大地。或许有人说，扫也无济于事啊，但总要有人扫，因为只要有人去扫，就会让更多的人感到幸福和安全。在存量大时代背景下，我们就是需要这样一群永不言败、坚持扫雪的人。坚持，是一种信仰！

存量时代对于本土设计师而言是一个幸福的时代，因为此类项目的矛盾性和复杂性远比新建设计对在地的依赖性更强，需要对在地人文与本土建筑的理解更多。就像出生在威尼斯的意大利建筑师卡洛·斯卡帕（Carlo Scarpa），他在威尼斯生活，在威尼斯读书，也在威尼斯修房子，他所有的神来之笔都源于对威尼斯的一切的谙熟与深刻理解，还有那份对本土文化深深的依恋。存量时代给了本土设计师更多的机会，可以长期地坚守与服务，将对家乡的情感变成现实。

每个人的心中都有一个建筑梦。这个房子是家，充满温情，可以用自己的一生去维护，可以留给子孙、留给未来！这个梦想要靠一代又一代人去完成，成为一个家族甚至民族的共同记忆。

每个人的心中都有一份乡土情，这片乡土是熟悉，是冥冥中的牵挂，是在成功后可以平淡归来，是在失败后可以静心依附，是在无论多远的漂泊之后，都会在不经意之间牵挂的那片土地。

每个人的心中都有一座桃花源，这个地方没有喧嚣，没有烦躁，没有肮脏，没有杂乱，只有安宁、平静和美丽。无论你离开了多久，当你疲惫地回首，看见的，依旧还是你难以忘怀的模样。

存量时代建筑师的任务就是让家的温暖延续，让乡土里的情结得到传承，把还没有变成美好的地方变成最美的存在。只有在这样的地方，生活才能美好，文化才能传播，幸福才能到来。

笔者，2022年于北京